拓扑中的几何结构研究

魏超　著

辽宁科学技术出版社
·沈阳·

图书在版编目（CIP）数据

拓扑中的几何结构研究 / 魏超著. —沈阳：辽宁
科学技术出版社，2023.8（2024.6重印）
ISBN 978-7-5591-3106-5

Ⅰ.①拓… Ⅱ.①魏… Ⅲ.①拓扑—几何—研究
Ⅳ.①O189

中国国家版本馆CIP数据核字（2023）第137576号

出版发行：辽宁科学技术出版社
　　　　　（地址：沈阳市和平区十一纬路25号 邮编：110003）
印 刷 者：沈阳丰泽彩色包装印刷有限公司
幅面尺寸：185mm×260mm
印　　张：8.375
字　　数：200千字
出版时间：2023年8月第1版
印刷时间：2024年6月第2次印刷
责任编辑：高雪坤
封面设计：博瑞设计
版式设计：博瑞设计
责任校对：栗　勇

书　　号：ISBN 978-7-5591-3106-5
定　　价：39.00元

编辑电话：024-23284360
邮购热线：024-23284502
http://www.lnkj.com.cn

前 言

拓扑学起源于17—18世纪，因为一些学者对一些孤立问题的研究，如著名的哥尼斯堡七桥问题、四色问题、若尔当（C.Jordan）曲线定理等，这些问题最终归结为研究几何图形在某种连续变形（同胚变换）下保持不变的性质。19世纪末，随着点集理论的开创、公理化方法的兴起以及几何学与分析学的发展需要，促成了拓扑学作为一门独立学科而形成。

经过一个世纪的发展，拓扑学已成为数学中的一个重要分支。其理论与思想几乎渗透到数学的所有领域，同时在数学以外的多个学科，如物理、化学、计算机科学中也有着十分重要的应用。1945年后，拓扑学发展迅速，数学家将这个学科分为3个分支：代数拓扑学、几何拓扑学、微分拓扑学。

作者编写本书的基本想法是力图从方法论角度统一拓扑学的基础内容，注重拓扑学各分支的内在联系与统一，突出严密的逻辑推理与几何直观并重，体现某些经典内容的几何化。

本书共分3章，第1章作为拓扑学的必要准备，介绍了关于度量空间、拓扑空间以及连续映射的基本概念和相关结果。第2章属于一般拓扑学最经典和最重要的内容，介绍了紧空间和紧化理论、可数性公理、分离性公理、仿紧性与单位分解。第3章介绍了连通性与道路连通性，它可以看作是人的直观的一种数学化，但在某些特殊的例子上似乎又与人的直观不太吻合。本书致力于研究拓扑元素中的几何结构，反映处理拓扑学问题的另一种思路，介绍从几何的角度理解拓扑学的内容。

本书由魏超独著。本书为江西省教育厅科学技术研究项目（编号：GJJ2206403）研究成果之一，但由于时间紧迫、水平有限，书中难免存在不足之处，恳请广大读者批评指正。

作者

2023年3月

目　录

第 1 章　拓扑空间与连续映射 ·· 1

1.1　度量空间与连续映射 ·· 1

　1.1.1　度量结构 ·· 1

　1.1.2　度量空间之间的连续映射 ·· 5

　1.1.3　连续性：从度量到拓扑 ·· 7

1.2　拓扑空间：定义与基本例子 ·· 9

　1.2.1　拓扑的定义 ·· 9

　1.2.2　拓扑空间举例 ··· 12

1.3　拓扑空间里的收敛与连续性 ··· 14

　1.3.1　拓扑空间中的收敛 ··· 14

　1.3.2　连续映射 ··· 16

1.4　拓扑的构造 ··· 21

　1.4.1　基与子基 ··· 21

　1.4.2　由映射定义的拓扑 ··· 27

　1.4.3　商拓扑 ··· 29

　1.4.4　群作用的商 ··· 35

1.5　拓扑空间中的点与集合 ··· 37

　1.5.1　闭集与极限点 ··· 37

　1.5.2　闭包，内点与边界点 ··· 42

第 2 章　紧性、可数性与分离性 ······································ 47

2.1　拓扑空间的各种紧性 ··· 47

　2.1.1　紧性的定义与例子 ··· 47

　2.1.2　紧集的性质 ··· 50

2.2　乘积空间的紧性：Tychonoff 定理 ··································· 53

　2.2.1　有限积的紧性 ··· 53

　2.2.2　Tychonoff 定理的证明 ·· 55

　2.2.3　阅读材料：Tychonoff 定理的应用 ······························· 58

2.3 度量空间中的紧性 ·· 62

　2.3.1 度量空间的拓扑与非拓扑性质 ························· 62

　2.3.2 度量空间中各种紧性的等价性 ······················· 67

2.4 映射空间的拓扑 ·· 68

　2.4.1 一致收敛拓扑 ·· 68

　2.4.2 紧收敛拓扑与紧开拓扑 ································· 70

2.5 映射空间的紧性：Arzela–Ascoli 定理 ·················· 74

　2.5.1 等度连续性 ·· 74

　2.5.2 Arzela–Ascoli 定理（一般版本） ··················· 76

　2.5.3 阅读材料：Blaschke 选择定理 ······················ 78

2.6 连续函数代数与 Stone–Weierstrass 定理 ············· 79

　2.6.1 连续函数代数 $\mathcal{C}(X,\mathbb{R})$ ································ 79

　2.6.2 Stone–Weierstrass 定理 ······························· 82

2.7 可数性公理 ·· 85

2.8 分离性公理 ·· 89

　2.8.1 分离性公理 ·· 89

　2.8.2 分离性的增强 ·· 91

2.9 Urysohn 引理与 Urysohn 度量化定理 ················· 92

　2.9.1 Urysohn 引理 ·· 93

　2.9.2 Urysohn 度量化定理 ··································· 96

2.10 Tietze 扩张定理 ·· 98

　2.10.1 Tietze 扩张定理 ·· 98

　2.10.2 Tietze 扩张定理与 Urysohn 引理的应用 ········· 102

2.11 仿紧性与单位分解 ·· 106

　2.11.1 仿紧空间 ·· 106

　2.11.2 单位分解 ·· 109

　2.11.3 阅读材料：两个度量化定理 ······················· 112

第3章 从连通性到基本群 ·· 115

3.1 连通性 ·· 115

　3.1.1 连通空间 ·· 115

　3.1.2 连通性的推论 ·· 118

3.2 道路连通性 ·· 120

　3.2.1 道路与道路连通性 ··· 120

　3.2.2 分支 ··· 124

参考文献 ·· 128

第1章　拓扑空间与连续映射

1.1　度量空间与连续映射

1.1.1　度量结构

1）定义

在数学中，度量是距离这个概念的抽象化体现，最早由法国数学家Fréchet提出。

（1）度量空间

若X是一个集合，而映射$d: X \times X \to \mathbb{R}$满足如下条件，对于任意$x, y, z \in X$，均有：

①正定性：$d(x, y) \geqslant 0$, 而且$d(x, y) = 0 \Longleftrightarrow x = y$,

②对称性：$d(x, y) = d(y, x)$,

③三角不等式：$d(x, y) + d(y, z) \geqslant d(x, z)$,

则我们称 (X, d) 为一个度量空间，且称d为X上的一个度量。

$d(x, y) \geqslant 0$ 是其他几条公理的直接推论。通过减弱上述条件中的某一个或某几个，也可以得到度量空间的某些合理推广。

我们可以把欧氏空间中的很多定义推广到抽象度量空间中去。

（2）有界性

设 (X, d) 是一个度量空间，而$A \subset X$ 为一个子集。我们称 $\mathrm{diam}(A) := \sup\limits_{x,y \in A} d(x, y)$ 为集合A的直径。若 $\mathrm{diam}(A) < +\infty$，我们称 A 为有界集，否则为无界集。因此，如果 $\mathrm{diam}(X) < +\infty$，我们称 (X, d) 为有界度量空间。

在度量空间 (X, d) 中，我们也可以定义开球、闭球和球面等几何概念。

（3）球与球面

以(X, d)中点x_0为中心，半径为r的开球、闭球和球面分别定义为

$$B(x_0, r) = \{x \in X \mid d(x, x_0) < r\}$$

$$\overline{B(x_0, r)} = \{x \in X \mid d(x, x_0) \leqslant r\}$$

$$S(x_0, r) = \{x \in X \mid d(x, x_0) = r\}$$

有了开球的概念，又可以如欧氏空间中一样定义开集和闭集的概念。

（4）开集和闭集

设(X, d)是一个度量空间，$U \subset X$。如果对于任意$x \in U$，均存在 $\varepsilon > 0$ 使得$B(x, \varepsilon) \subset U$，则我们称子集$U \subset X$是一个开集。如果子集$F \subset X$的补集$F^c = X \setminus F$是开集，则称$F$为一个闭集。

由定义不难验证度量空间中的开球都是开集，而闭球都是闭集。

2）例子

度量空间的概念来源于欧氏空间的距离结构。下述例子表明度量空间事实上广泛存在于各个不同的数学分支中。

（1）离散度量

在任意集合X上，均可定义如下度量，称为离散度量：

$$d(x,y) = \begin{cases} 0 & x = y, \\ 1 & x \neq y. \end{cases}$$

不妨思考一下，离散度量空间(X, d_{discrete})中的开球、闭球、球面分别是什么？

（2）$\mathbb{R}^n$上的各种度量

在$X=\mathbb{R}$上，我们不仅有离散度量，还有最简单的绝对值度量$d(x,y) = |x-y|$，有界度量$\bar{d}(x,y) = \min\{|x-y|, 1\}$（或$\bar{d}(x,y) = \dfrac{|x-y|}{1+|x-y|}$）。

在$X=\mathbb{R}^n$上，我们有

①通常的欧氏度量：$d_2(x,y) = \sqrt{(x_1 - y_1)^2 + \cdots + (x_n - y_n)^2}$。

②l^1度量：$d_1(x,y) = |x_1 - y_1| + \cdots + |x_n - y_n|$。

③l^∞度量：$d_\infty(x,y) = \sup\{|x_1 - y_1|, \cdots, |x_n - y_n|\}$。

事实上，这些度量都是$l^p (1 \leqslant p \leqslant \infty)$度量的特例。

$$d_p(x,y) := (|x_1 - y_1|^p + \cdots + |x_n - y_n|^p)^{1/p}$$

对于不同的p，图1-1展示了度量空间$(\mathbb{R}^2, l^p)$中单位球的形状。

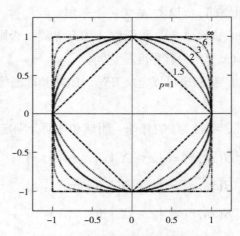

图1-1　度量空间中单位球的形状

（3）$\mathbb{R}^{\mathbb{N}}$上的各种度量

在无限笛卡尔积$X = \mathbb{R}^{\mathbb{N}} := \{(x_1, x_2, \cdots, x_n, \cdots) \mid x_n \in \mathbb{R}\}$中，我们不能像上面一样定义$l^p$度量，因为涉及的求和有可能是发散的。但是，我们可以用$\mathbb{R}$上的有界度量$\bar{d}$来解决收敛性问题。比如，我们有：

①一致度量：

$$d((x_n)_{n\in\mathbb{N}},(y_n)_{n\in\mathbb{N}}) := \sup_{n\in\mathbb{N}}\bar{d}(x_n,y_n)。$$

②无穷乘积度量：

$$d((x_n)_{n\in\mathbb{N}},(y_n)_{n\in\mathbb{N}}) := \sum_{n=1}^{\infty}2^{-n}\bar{d}(x_n,y_n)。$$

此外，在特定问题中我们需要使用无穷序列之间的 l^p 度量，此时我们可以通过把 l^p 度量限制在合适的子集上来解决收敛性问题。

考虑子空间

$$X = l^p(\mathbb{R}) := \left\{(x_n)_{n\in\mathbb{N}}\ \middle|\ \|x\|_p := \left(\sum_n |x_n|^p\right)^{1/p} < +\infty\right\} \subset \mathbb{R}^{\mathbb{N}},$$

现在我们可以定义 l^p 度量：$d((x_n)_{n\in\mathbb{N}},(y_n)_{n\in\mathbb{N}}) = \|x-y\|_p$。取 $X = \prod_n[0,1/n] \subset \mathbb{R}^{\mathbb{N}}$。这是 $l^2(\mathbb{R})$ 的子集，所以自然继承一个 l^2 度量。

（4）函数空间上的度量

在区间 $[a,b]$ 上全体连续函数空间 $C([a,b])$ 中，我们有

① L^1 度量：

$$d(f,g) = \int_a^b |f(x)-g(x)|\mathrm{d}x。$$

② L^∞ 度量：

$$d(f,g) = \sup_{x\in[a,b]}|f(x)-g(x)|。$$

③ L^2 度量：

$$d(f,g) = \left(\int_a^b |f(x)-g(x)|^2\mathrm{d}x\right)^{1/2}。$$

它们都是 L^p 度量（$1 \leqslant p \leqslant \infty$）的特例：

$$d(f,g) = \left(\int_a^b |f(x)-g(x)|^p\mathrm{d}x\right)^{1/p}。$$

更进一步地，我们可以在 $[a,b]$ 上的全部 k 阶连续可导函数所构成的集合上，定义 $W^{k,p}$ 度量 $d(f,g) = \left(\sum_{i=0}^{k}\int_a^b |f^{(i)}(x)-g^{(i)}(x)|^p\mathrm{d}x\right)^{1/p}$。

这些度量在偏微分方程理论中有着重要的价值。

（5）词度量

设 G 是一个群，$S \subset G$ 是一个生成子集，则 S 诱导的词度量为

$d(g_1,g_2) = \min\{n : \exists s_1\cdots s_n \in S\cup S^{-1}$ 使得 $g_1\cdot s_1\cdots s_n = g_2\}$。

（6）图度量

设 $G = (V,E)$ 是一个连通图，则在顶点集 V 上可将图度量定义为

$d(v_1,v_2) = \min\{n : G$ 中存在长度为 n 的道路连接 v_1 和 $v_2\}$。

事实上，（5）中定义的词度量跟相应的 Caylay 图 $\Gamma(G, S)$ 上的图度量是一致的。

（7）p 进度量

设 p 是一个素数，那么，任意 $0 \neq x \in \mathbb{Q}$ 可以唯一地表示为 $x = p^n \frac{r}{s}$。其中 $n, r, s \in \mathbb{Z}$ 且 $s > 0$。由此我们可以定义 $\mathbb{Q}$ 上的 p 进范数 $|x|_p = p^{-n}$（令 $|0|_p = 0$），而 $\mathbb{Q}$ 上的 p 进度量则定义为 $d(x_1, x_2) := |x_1 - x_2|_p$。该度量在算术几何中有着重要意义。

（8）Hausdorff 度量

在 $\mathbb{R}^n$ 中的全体有界闭集构成的集合上，Hausdorff 度量定义为

$$d(A, B) = \inf \{\varepsilon \geqslant 0 : A \subset B_\varepsilon \text{ 且 } B \subset A_\varepsilon\}。$$

其中，$A_\varepsilon = \{y \in \mathbb{R}^n : \exists x \in A \text{ 使得 } |x - y| \leqslant \varepsilon\}$ 是 A 的 ε-邻域。

3）从已有的度量空间构造新空间

我们也可以从已有的度量空间构造新的度量空间，最常见的构造是子集继承原空间度量而得到的子度量空间，以及在乘积空间上通过合适的方法定义的乘积度量空间。

（1）子空间度量

设 (X, d) 是度量空间，$Y \subset X$ 为子集，则 $d_Y := d|_{Y \times Y}$ 是 Y 上的一个度量。

显然，对于任意 $y_1, y_2, y_3 \in Y \subset X$，我们有

① $d_Y(y_1, y_2) = 0 \Longleftrightarrow y_1 = y_2$。

② $d_Y(y_1, y_2) = d(y_1, y_2) = d(y_2, y_1) = d_Y(y_2, y_1)$。

③ $d_Y(y_1, y_3) = d(y_1, y_3) \leqslant d(y_1, y_2) + d(y_2, y_3) = d_Y(y_1, y_2) + d_Y(y_2, y_3)$。

任意给定一个单射 $f: Y \to X$，那么我们可以将 Y 等同于子集 $f(Y) \subset X$，从而可以通过 X 上的度量 d_X 给出在 Y 上的诱导度量 $d(y_1, y_2) := d_X(f(y_1), f(y_2))$。

（2）乘积度量

如果 (X_1, d_1)，(X_2, d_2) 是度量空间，那么 $d((x_1, x_2), (y_1, y_2)) := d_1(x_1, y_1) + d_2(x_2, y_2)$ 是 $X_1 \times X_2$ 上的度量。

验证：对于 $X_1 \times X_2$ 中的任意点 (x_1, x_2)，(y_1, y_2) 和 (z_1, z_2)，有

① $d((x_1, x_2), (y_1, y_2)) = 0 \Longleftrightarrow d_1(x_1, y_1) = 0$ 且 $d_2(x_2, y_2) = 0 \Longleftrightarrow x_1 = y_1$ 且 $x_2 = y_2$。

② $d((x_1, x_2), (y_1, y_2)) = d_1(x_1, y_1) + d_2(x_2, y_2) = d_1(y_1, x_1) + d_2(y_2, x_2) = d((y_1, y_2), (x_1, x_2))$。

③ $d((x_1, x_2), (z_1, z_2)) = d_1(x_1, z_1) + d_2(x_2, z_2)$

$$\leqslant d_1(x_1, y_1) + d_1(y_1, z_1) + d_2(x_2, y_2) + d_2(y_2, z_2)$$

$$= d((x_1, x_2), (y_1, y_2)) + d((y_1, y_2), (z_1, z_2))。$$

注：不同于子集上的子空间度量，对于度量空间的笛卡尔积我们可以用许多不同的方法赋予乘积度量。例如，我们也可以定义 $d((x_1, x_2), (y_1, y_2)) := \sqrt{d_1(x_1, y_1)^2 + d_2(x_2, y_2)^2}$。

可以验证，这是 $X_1 \times X_2$ 上的一个度量。若 (X_1, d_1)，$\cdots$，(X_n, d_n) 都是度量空间，则对于任意 $1 \leqslant p \leqslant \infty$，我们可以用下式定义 $X_1 \times \cdots \times X_n$ 上的 l^p 型乘积度量。

$$d_p((x_1, \cdots, x_n), (y_1, \cdots, y_n)) := \left(d_1(x_1, y_1)^p + \cdots + d_n(x_n, y_n)^p\right)^{1/p}$$

为了在可数多个度量空间 (X_n, d_n) 的笛卡尔积 $\prod_{n=1}^{\infty} X_n$ 上显式定义乘积度量，我们可以首先将

每个 d_n 转换为有界度量 $\bar{d}_n(x, y) = \min\{d_n(x, y), 1\}$。然后在笛卡尔积 $\prod_{n=1}^{\infty} X_n$ 上定义 l^{∞} 乘积度量 $d_u((x_n)_{n \in \mathbb{N}}, (y_n)_{n \in \mathbb{N}}) = \sup_{n \in \mathbb{N}} \bar{d}_n(x_n, y_n)$，该度量被称为乘积空间 $\prod_{n=1}^{\infty} X_n$ 上的一致度量。

4）等距同构、嵌入和Lipschitz 映射

正如前文提到过的，对于给定结构的集合，我们希望研究集合之间保结构的映射。

（1）等距同构

设 (X, d_X) 和 (Y, d_Y) 为度量空间。如果存在双射 $f : (X, d_X) \to (Y, d_Y)$，使得对于任意 $x_1, x_2 \in X$，都有 $d_X(f(x_1), f(x_2)) = d_Y(x_1, x_2)$，则我们称 f 为一个等距同构，并称度量空间 (X, d_X) 和 (Y, d_Y) 是等距同构的。

因为等距同构的度量空间具有完全相同的度量性质，我们将等距同构的度量空间视为相同的度量空间。当然，绝大部分度量空间不是等距同构的。

（2）等距嵌入

如果单射 $f : (X, d_X) \to (Y, d_Y)$ 满足对于任意 $x_1, x_2 \in X$，均有 $d_X(f(x_1), f(x_2)) = d_Y(x_1, x_2)$，则我们称 f 为一个（度量）等距嵌入。

显然，如果 $f : (X, d_X) \to (Y, d_Y)$ 是一个等距嵌入，那么 (X, d_X) 与 (Y, d_Y) 的子空间 $(f(X), d_Y)$ 是等距同构的。

（3）Lipschitz 映射

我们称映射 $f : (X, d_X) \to (Y, d_Y)$ 为一个Lipschitz常数为 L 的Lipschitz映射，如果对于任意 $x_1, x_2 \in X$，均有 $d_X(f(x_1), f(x_2)) \leqslant L d_Y(x_1, x_2)$。

注意，以上概念均强烈依赖于空间上所给定的度量。例如，考虑恒等映射 $\mathrm{Id} : \mathbb{R} \to \mathbb{R}$，$x \mapsto x$。

现在考虑 $\mathbb{R}$ 上的两个度量，标准度量 $d(x, y) = |x - y|$ 和有界度量 $\bar{d}(x, y) = \min\{1, d(x, y)\}$，那么作为度量空间之间的映射，$\mathrm{Id} : (\mathbb{R}, d) \to (\mathbb{R}, d)$ 和 $\mathrm{Id} : (\mathbb{R}, \bar{d}) \to (\mathbb{R}, \bar{d})$ 都是等距同构的，$\mathrm{Id} : (\mathbb{R}, d) \to (\mathbb{R}, \bar{d})$ 是一个 Lipschitz 映射但不是等距同构，而 $\mathrm{Id} : (\mathbb{R}, \bar{d}) \to (\mathbb{R}, d)$ 不是一个Lipschitz映射。

1.1.2　度量空间之间的连续映射

1）收敛性和连续性

对于度量空间之间的映射，定义连续性并不难，我们可以像在欧氏空间中一样，首先定义点列收敛的概念，然后通过收敛性来定义连续性。

（1）收敛性

设 (X, d) 是一个度量空间，(x_n) 为 X 中的一个点列。如果存在 X 中的点 x_0 满足对于任意 $\varepsilon > 0$，均存在 $N \in \mathbb{N}$ 使得对于所有 $n > N$，均有 $d(x_n, x_0) < \varepsilon$，则我们称点列 (x_n)（关于度量 d）收敛到点 x_0，记为 $x_n \xrightarrow{d} x_0$。

有了收敛性，我们自然可以定义连续性。

（2）连续性

设 (X, d_X) 和 (Y, d_Y) 是两个度量空间，$f : X \to Y$ 为一个映射。

①若对于在X中收敛到x_0的任何点列(x_n)，像点列$(f(x_n))$都收敛到Y中的点$f(x_0)$，则我们说映射$f : X \to Y$在$x_0 \in X$处是连续的。

②如果映射f在每个点$x_0 \in X$处都是连续的，我们就称f是一个连续映射。

当我们讨论函数$f : (X, d_X) \to \mathbb{R}$的连续性时，除非另外说明，则总是赋予$\mathbb{R}$标准度量。

我们先给出下列映射在一点处连续的等价刻画，其证明跟数学分析中所学的完全一致，故而略去。

（3）一点处连续的等价刻画

映射$f : (X, d_X) \to (Y, d_Y)$在$x_0 \in X$处连续

$\Longleftrightarrow \forall \varepsilon > 0, \exists \delta > 0$使得$\forall x \in X, d_X(x, x_0) < \delta$，我们有$d_Y(f(x), f(x_0)) < \varepsilon$

$\Longleftrightarrow \forall \varepsilon > 0, \exists \delta > 0$使得$f(B(x_0, \delta)) \subset B(f(x_0), \varepsilon)$

$\Longleftrightarrow \forall \varepsilon > 0, \exists \delta > 0$使得$B(x_0, \delta) \subset f^{-1}(B(f(x_0), \varepsilon))$。

由此不难看出度量空间之间的任何Lipschitz映射都是连续的。

2）连续映射的例子

度量空间之间映射连续性的概念是欧氏空间之间连续映射的自然推广，为了更好地理解度量空间中连续性的含义，让我们讨论一些简单的例子。

①设（X, d）是任何度量空间。

a.对于任何固定的$\bar{x} \in X$，函数$d_{\bar{x}} : X \to \mathbb{R}, x \mapsto d_{\bar{x}}(y) := d(x, \bar{x})$是连续的。

证明：对于$\forall \varepsilon > 0, \forall x_0 \in X$和$\forall x \in X$满足$d(x, x_0) < \varepsilon$，我们有$|d_{\bar{x}}(x) - d_{\bar{x}}(x_0)| = |d(x, \bar{x}) - d(x_0, \bar{x})| \leqslant d(x, x_0) < \varepsilon$（所以函数$d_{\bar{x}}$实际上是一个Lipschitz常数为1的Lipschitz映射）。

b.对于任何子集$A \subset X$，我们可以定义$d_A : X \to \mathbb{R}, x \mapsto d_A(x) := \inf\{d(x, y) : y \in A\}$。由此可以证明$d_A$是连续的。

证明：首先利用三角不等式证明$|d_A(x) - d_A(y)| \leqslant d(x, y)$，然后可得要证结论。

c.如果我们赋予$X \times X$中的乘积度量$d_{X \times X}$，那么函数$d : X \times X \to \mathbb{R}$就是$(X \times X, d_{X \times X})$上的连续函数。

②在空间$X = C([a, b])$上赋予l^{∞}度量$d(f, g) := \sup\limits_{x \in [a,b]} |f(x) - g(x)|$。那么积分映射$\int : X \to \mathbb{R}, f \mapsto \int_a^b f(x) \mathrm{d}x$是连续的，因为

$$\left| \int_a^b f(x) \mathrm{d}x - \int_a^b g(x) \mathrm{d}x \right| \leqslant \int_a^b |f(x) - g(x)| \mathrm{d}x \leqslant (b - a) \cdot d_X(f, g)$$

③设X为任意集合，d_X为X上的离散度量，设（Y, d_Y）是任意度量空间。

a.任何映射$f : X \to Y$都是连续的。对于任意$\varepsilon > 0$，我们取$\delta = 1$即可，若$x, x_0 \in X$满足$d_X(x, x_0) < 1$，根据离散度量的定义，我们有$x = x_0$，从而$d_Y(f(x), f(x_0)) = 0 < \varepsilon$。

b.局部常值映射是连续的。显然，如果 f 是局部常值，那么它是连续的。反之，假设 $f: Y \to X$ 在 y_0 处连续，那么存在 $\delta > 0$ 使得对于任意满足 $d_Y(y, y_0) < \delta$ 的 $y \in Y$，我们有 $d_X(f(y), f(y_0)) < 1$，但 d_X 是离散度量，所以 $f(y) = f(y_0)$，即 f 在 y_0 附近是常值映射。

1.1.3　连续性：从度量到拓扑

1）强等价度量

度量空间之间的映射 $f: X \to Y$ 是否连续取决于在 X, Y 上所给定的度量。下面我们通过一个简单的例子，表明在某些情况下，连续性并不那么依赖于度量。

考虑函数 $f: \mathbb{R}^n \to \mathbb{R}$，赋予 $\mathbb{R}^n$ 两个不同的度量，即 d_1 和 d_∞。则函数 $f: (\mathbb{R}^n, d_1) \to \mathbb{R}$ 是连续的当且仅当函数 $f: (\mathbb{R}^n, d_\infty) \to \mathbb{R}$ 是连续的。

事实上，如果 $f: (\mathbb{R}^n, d_1) \to \mathbb{R}$ 是连续的，那么根据定义，$\forall \varepsilon > 0, \exists \delta > 0$ 使得 $\forall x \in X, d_1(x, x_0) < \delta \Longrightarrow |f(x) - f(x_0)| < \varepsilon$。因为 $d_1(x, y) \leqslant n \cdot \max_i |x_i - y_i| \leqslant n \cdot d_\infty(x, y)$，我们有 $\forall \varepsilon > 0, \exists \delta' = \frac{\delta}{n} > 0$ 使得 $\forall x \in X, d_\infty(x, x_0) < \delta' \Longrightarrow |f(x) - f(x_0)| < \varepsilon$。换言之，$f: (\mathbb{R}^n, d_\infty) \to \mathbb{R}$ 是连续的。反之，由不等式 $d_\infty(x, y) \leqslant d_1(x, y)$ 及同样的论证易得：如果 f 关于 d_∞ 是连续的，那么它关于 d_1 也是连续的。

根据上面的例子，我们可以很容易看出度量 d_1 和 d_2 之所以会诱导出相同的连续性，其主要原因在于 $\frac{1}{n} d_1(x, y) \leqslant d_2(x, y) \leqslant \sqrt{n} \cdot d_1(x, y)$。

（1）强等价度量

设 d_1 和 d_2 是集合 X 上的两个度量，如果存在常量 $C_1, C_2 > 0$ 使得对于任意 $x, y \in X$ 均有 $C_1 d_1(x, y) \leqslant d_2(x, y) \leqslant C_2 d_1(x, y)$，则我们称 d_1 和 d_2 是强等价的。

通过论证，可以证明强等价度量会诱导相同的连续性概念。

（2）强等价度量与连续性

设 d_X 和 $\tilde{d}_X$ 是 X 上的强等价度量，而 d_Y 和 $\tilde{d}_Y$ 是 Y 上的强等价度量，则映射 $f: (X, d_X) \to (Y, d_Y)$ 是连续的当且仅当 $f: (X, \tilde{d}_X) \to (Y, \tilde{d}_Y)$ 是连续的。

2）更多诱导等价的连续性的度量

让我们再研究一个例子。

例：考虑 $\mathbb{R}^n$ 上的另一对度量，欧氏度量 $d_2(x, y) = |x - y|$ 和 d_2 诱导的有界度量 $\bar{d}_2(x, y) := \min\{1, d_2(x, y)\}$。显然 $\bar{d}_2(x, y) \leqslant d_2(x, y)$，但是 d_2 和 $\bar{d}_2$ 不是强等价的。因为给定任意常数 $C > 0$，都存在 $x, y \in \mathbb{R}^n$ 使得 $d_2(x, y) > C \geqslant C\bar{d}_2(x, y)$。然而，在考察任意函数 $f: \mathbb{R}^n \to \mathbb{R}$ 的连续性时，我们将再次得到相同的结论：函数 $f: (\mathbb{R}^n, d_2) \to \mathbb{R}$ 是连续的当且仅当函数 $f: (\mathbb{R}^n, d_2) \to \mathbb{R}$ 是连续的。

假设 $f: (\mathbb{R}^n, \bar{d}_2) \to \mathbb{R}$ 是连续的，因为 $\bar{d}_2(x, y) \leqslant d_2(x, y)$，所以 $f: (\mathbb{R}^n, d_2) \to \mathbb{R}$ 也是连续的，反之，如果 $f: (\mathbb{R}^n, d_2) \to \mathbb{R}$ 是连续的，即 $\forall \varepsilon > 0, \exists \delta > 0$ 使得 $\forall x \in X, d_2(x, x_0) < \delta \Longrightarrow |f(x) - f(x_0)| < \varepsilon$。那我们只要取 $\delta' = \min(\frac{1}{2}, \delta)$，就有 $\forall \varepsilon > 0, \exists \delta' > 0$ 使得 $\forall x \in X, \bar{d}_2(x, x_0) < \delta' \Longrightarrow |f(x) - f(x_0)| < \varepsilon$。即 $f: (\mathbb{R}^n, \bar{d}_2) \to \mathbb{R}$

是连续的。

从上面的例子我们可以判断，应该有一个比度量结构更基本的结构诱导了连续性。

3）用邻域定义的局部连续性

为了弄清楚连续性背后的结构，让我们回顾关于一点处连续的等价刻画的内容。直观地说，f 在点 x_0 处的连续性仅仅涉及 X 中 x_0 附近的点和 Y 中 $f(x)$ 附近的点。当然，其中的各条等价刻画都依赖于度量结构（度量 d 或度量球）。我们在前文中给出了开集、闭集的概念，还可以进一步引入邻域的定义，以刻画"附近的点"这样一个概念。

（1）邻域

设 x 是 X 中的一个点，而 $N \subset X$ 为 X 的一个子集。如果 X 中存在一个开集 U 使得 $x \in U \subset N$，则称 N 是 x 的一个邻域。

如果我们用 $\mathscr{N}(x)$ 表示 x 的所有邻域的集合，不难验证

①如果 $N \in \mathscr{N}(x)$，那么 $x \in N$。

②如果 $M \supset N$ 且 $N \in \mathscr{N}(x)$，那么 $M \in \mathscr{N}(x)$。

③如果 $N_1, N_2 \in \mathscr{N}(x)$，那么 $N_1 \cap N_2 \in \mathscr{N}(x)$。

④如果 $N \in \mathscr{N}(x)$，那么存在 $M \in \mathscr{N}(x)$ 使得 $M \subset N$ 且对于任意 $y \in M$，都有 $N \in \mathscr{N}(y)$。

事实上，我们可以利用邻域刻画映射在一点处的连续性。

（2）邻域与单点连续性

设 $f: (X, d_X) \to (Y, d_Y)$ 是度量空间之间的映射，那么 f 在 $x \in X$ 处连续当且仅当 $f(x)$ 的任何邻域的原像是 x 的邻域。

证明：设 f 在 $x \in X$ 处是连续的，$M \subset Y$ 是 $f(x)$ 的一个邻域。那么根据定义，存在 Y 中的开集 V 使得 $f(x) \in V \subset M$。根据开集的定义，$\exists \varepsilon > 0$ 使得开球 $B(f(x), \varepsilon) \subset V$。由 f 在 x 处的连续性，$\exists \delta > 0$ 使得 $B(x, \delta) \subset f^{-1}(B(f(x), \varepsilon)) \subset f^{-1}(V) \subset f^{-1}(M)$。所以 $f^{-1}(M)$ 是 x 的一个邻域。反之，假设对于 $f(x)$ 的任何邻域 $M \subset Y$，$f^{-1}(M)$ 是 x 的邻域。那么，对于 $\forall \varepsilon > 0$，$f^{-1}(B(f(x), \varepsilon))$ 是 x 的邻域，即它包含一个含有点 x 的开集 U。由开集的定义，$\exists \delta > 0$ 使得 $B(x, \delta) \subset U$，而这意味着 $B(x, \delta) \subset f^{-1}(B(f(x), \varepsilon))$。所以 f 在 x 处连续。

一般而言，即使 f 在 x_0 处连续，点 $f(x_0)$ 的开邻域的原像也可能不是 X 中的开集。

4）用开集定义整体连续性

作为领域与单点连续性的推论，我们给出如下抽象度量空间之间的（整体）连续映射的刻画。

（1）连续映射的刻画

一个映射 $f: (X, d_X) \to (Y, d_Y)$ 是连续映射，当且仅当对于 Y 中的任何开集 V，其原像 $f^{-1}(V)$ 是 X 中的开集。

证明：设 f 是连续的，$V \subset Y$ 是开集，那么 $\forall x \in f^{-1}(V)$，$f^{-1}(V)$ 包含一个含点 x 的开

集U。所以$f^{-1}(V)$在X中是开集。反之，假设Y中任何开集V的原像$f^{-1}(V)$在X中都是开的。对于任意$x \in X$，取Y中的任意包含点$f(x)$的开集V，那么$f^{-1}(V)$本身是X中的一个包含点x的开集。所以f是连续的。

由此可见，度量空间之间的映射是否连续，其根本因素不在于度量d所给出的具体数值，而在于该度量所生成的开集族。

（2）拓扑等价度量

设d_1和d_2是集合X上的两个度量，如果它们诱导的开集族是相同的，则我们称d_1和d_2是拓扑等价的。

显然，强等价的度量总是拓扑等价的，反之则不然。一般，如果一个概念只依赖于开集族，我们就称这个概念为拓扑概念。所以邻域是一个拓扑概念，即它只依赖于开集族。连续性也是拓扑概念，但后面我们将了解一致连续性不是拓扑概念。

由连续映射的刻画定理，我们得到推论：设$\tilde{d}_X$和$\tilde{d}_Y$分别是拓扑等价于d_X和d_Y的度量，那么映射$f : (X, d_X) \to (Y, d_Y)$是连续映射，当且仅当映射$f : (X, \tilde{d}_X) \to (Y, \tilde{d}_Y)$是连续映射。

这就是为什么$\mathbb{R}^n$上的3个不同度量d_1、d_2和$\bar{d}_2$给出了完全相同的连续函数集，而离散度量则给出了不同的连续函数集的原因。从上面例子的论证中不难看出，由d_1、d_2、$\bar{d}_2$确定的开集族都相同，而由离散度量确定的开集族是不同的。

1.2 拓扑空间：定义与基本例子

虽然我们通过度量结构定义了映射的连续性，但连续性实际上只依赖于度量所诱导的邻域族或者开集族。在本节中，我们将通过公理化的方式引入邻域以及开集的概念，从而定义一般的拓扑空间。

1.2.1 拓扑的定义

1）邻域结构

为了将连续性和收敛性的概念扩展到更一般的空间，首先我们需要公理化邻域的概念。任意给出一个点x，哪些集合可以被视为x的邻域呢？不同点的邻域之间有什么关联呢？我们可以对于任何$x \in X$，都为其指定一个非空的子集族$\mathscr{N}(x) \subset \mathscr{P}(X)$。$\mathscr{N}(x)$中的每个元素都视为$x$的一个邻域，这些子集族$\mathscr{N}(x)$要满足的公理如下：

①如果$N \in \mathscr{N}(x)$，那么$x \in N$。

②如果$M \supset N$且$N \in \mathscr{N}(x)$，那么$M \in \mathscr{N}(x)$。

③如果$N_1, N_2 \in \mathscr{N}(x)$，那么$N_1 \cap N_2 \in \mathscr{N}(x)$。

④如果$N \in \mathscr{N}(x)$，那么存在$M \in \mathscr{N}(x)$使得$M \subset N$且对于任意$y \in M$，都有$N \in \mathscr{N}(y)$。

邻域的前三条公理具有较为明确的意义，而第四条给出了不同点的邻域之间的关系，可以看作是度量结构的三角不等式的某种替代。

以上邻域概念的公理化是1912年由德国数学家Hausdorff完成的。他的目标是定义一个非常一般的空间概念，这样的抽象空间以包括$\mathbb{R}^n$、黎曼曲面、无限维空间或由曲线和函数组成的空间为特例。他给出了引入这样一个一般性概念的两个好处：简化理论以及防止我们错误地使用直觉。

邻域结构

我们把集合X上的一个满足公理①~④的映射$\mathcal{N}: X \to \mathcal{P}(\mathcal{P}(X)) \setminus \{\emptyset\}$ 称为X的一个邻域结构，把$\mathcal{N}(x)$称为x的一个邻域系，而把$\mathcal{N}(x)$里的每个元素均称为x的一个邻域。

给定集合X上的一个邻域结构$\mathcal{N}$，我们称$(X, \mathcal{N})$为一个（邻域结构）拓扑空间。

2）从邻域结构到内部结构

相比于开集公理，邻域公理显得更加直观，但其缺点在于用起来比较复杂。接下来我们阐述如何从邻域结构出发，逐步引入内部结构、开集结构、闭集结构等其他相互等价的拓扑空间公理体系。给定一个邻域结构拓扑空间$(X, \mathcal{N})$，我们如何得到X中开集的概念呢？回想一下，在数学分析中，一个集合是开集当且仅当该集合中的每个点都是其内点，所以开集跟内部这个概念是紧密相连的。什么是内点呢？点x是集合A的内点当且仅当A包含一个以x为中心的开球。换而言之，点x是集合A的内点当且仅当集合A是点x的邻域。于是在邻域结构拓扑空间可以定义任意集合的内部。

（1）内部

设$(X, \mathcal{N})$是一个邻域结构拓扑空间。对于任意子集$A \subset X$，其内部定义为
$$\text{Int}(A) := \{x \in A \mid A \in \mathcal{N}(x)\} \text{。} \tag{1.2.1}$$

根据邻域结构的定义和公理，不难验证映射$\text{Int}: \mathcal{P}(X) \to \mathcal{P}(X)$，$A \mapsto \text{Int}(A)$满足：

① $\text{Int}(A) \subset A$。

② $\text{Int}(A) \cap \text{Int}(B) = \text{Int}(A \cap B)$。

③ $\text{Int}(\text{Int}(A)) = \text{Int}(A)$。

④ $\text{Int}(X) = X$。

（2）内部结构

设X是一个集合。我们称满足公理①~④的映射$\text{Int}: \mathcal{P}(X) \to \mathcal{P}(X)$为$X$上的一个内部结构。

给定X上的一个内部结构Int，我们称(X, Int)为一个（内部结构）拓扑空间。可以验证，（邻域结构）拓扑空间和（内部结构）拓扑空间是相互等价的：给定X上的一个邻域结构，我们上面构造了X上的一个内部结构；反之，给定集合X上的一个内部结构Int，也不难定义出X上的一个邻域结构$\mathcal{N}(x) = \{A \subset X \mid x \in \text{Int}(A)\}$。 $\tag{1.2.2}$

（3）邻域结构与内部结构的等价性

任给集合X上的一个邻域结构$\mathcal{N}$，由(1.2.1)所定义的映射$\text{Int}: \mathcal{P}(X) \to \mathcal{P}(X)$为$X$上

的一个内部结构；反之，任给集合 X 上的一个内部结构 Int，由 (1.2.2) 所定义的子集族 $\mathscr{N}$ 是 X 上的一个邻域结构。更进一步，上述从邻域结构到内部结构以及从内部结构到邻域结构的两个过程互为逆过程。

3）从内部结构到开集结构

欧氏空间（或者一般度量空间）中一个集合是开集当且仅当该集合中的每个点都是其内点。受此启发，从"内部"的概念出发，不难给出如下（邻域结构或者内部结构）拓扑空间中开集的定义。

（1）开集

在邻域结构（或内部结构）拓扑空间中，我们称集合 U 是一个开集，如果它满足对于任意 $x \in U$，均有 $U \in \mathscr{N}(x)$。

由邻域结构与内部结构的等价性，马上可得如下等价刻画：

邻域结构（或内部结构）拓扑空间中的集合 U 是一个开集当且仅当 $\mathrm{Int}(U) = U$。

给定 $(X, \mathscr{N})$，如果我们记 $\mathscr{T} = \{U \subset X \mid U$ 是开集$\}$ (1.2.3) 为 $(X, \mathscr{N})$ 中所有开集构成的集族，则可以验证：

① $\varnothing \in \mathscr{T}, X \in \mathscr{T}$。

②如果 $U_1, U_2 \in \mathscr{T}$，那么 $U_1 \cap U_2$ 亦然。

③如果 $\{U_\alpha : \alpha \in \Lambda\} \subset \mathscr{T}$，那么 $\cup_{\alpha \in \Lambda} U_\alpha \in \mathscr{T}$。

1935 年，Alexandrov 和 Hopf 在他们撰写的《拓扑学(I)》一书中，将开集公理作为拓扑空间的定义。相比于邻域公理或者内部公理，开集公理更简洁而且易于使用，因而得到了广泛的采纳，成为拓扑空间的标准定义。

（2）拓扑

集合 X 上的满足①~③的子集族 $\mathscr{T} \subset \mathcal{P}(X)$ 称为 X 上的一个拓扑结构，或者简称为 X 上的一个拓扑。

给定 X 上的一个拓扑结构 $\mathscr{T}$，我们称 $(X, \mathscr{T})$ 为一个拓扑空间。

前文阐述了如何由邻域结构公理出发，构造满足开集公理的过程。反之，给定拓扑结构，即满足开集公理的集族 $\mathscr{T}$，我们定义拓扑空间里的邻域。

（3）拓扑空间里的邻域

设 $(X, \mathscr{T})$ 是一个拓扑空间，$x \in X$ 为一个元素，而 $N \subset X$ 为一个子集。如果存在开集 $U \in \mathscr{T}$ 使得 $x \in U \subset N$，则称集合 N 为 x 的一个邻域。

于是，给定拓扑结构 $\mathscr{T}$ 后，点 x 的邻域系为 $\mathscr{N}(x) = \{N \subset X : \exists U \in \mathscr{T}$ 使得 $x \in U$ 且 $U \subset N\}$ (1.2.4)。可以验证开集公理体系和邻域公理体系的等价性。

（4）开集公理体系与邻域公理体系的等价性

任给集合 X 上的一个邻域结构 $\mathscr{N}$，由 (1.2.3) 所给出的开集族 $\mathscr{T}$ 为 X 上的一个拓扑结构；反之，任给集合 X 上的一个拓扑结构 $\mathscr{T}$，由 (1.2.4) 所定义的子集族 $\mathscr{N}$ 是 X 上的一个邻域结构。更进一步，上述从邻域结构到拓扑结构以及从拓扑结构到邻域结构的两个过程互为逆过程。

4）用闭集定义拓扑

有了开集的概念，我们自然可以定义闭集。

闭集

设F为拓扑空间$(X, \mathscr{T})$的一个子集。如果F的补集$F^c = X \setminus F$是开集，则称F是一个闭集。

将开集公理转换为闭集公理：

①$\emptyset$和X都是闭集。

②如果U_1, U_2是闭集，那么$U_1 \cup U_2$亦然。

③如果对任意$\alpha \in \Lambda$, U_α都是闭集，那么$\cap_{\alpha \in \Lambda} U_\alpha$也是闭集。

在某些特定问题里，闭集公理更适用。

1.2.2　拓扑空间举例

1）一些简单的拓扑空间

下面我们给出一些拓扑的例子。

（1）度量拓扑

设(X, d)是任意度量空间。令$\mathscr{T}_{\text{metric}} = \{U \subset X \mid \forall x \in U, \exists r > 0$使得$B(x, r) \subset U\}$。那么$\mathscr{T}_{\text{metric}}$是$X$上的一个拓扑，称为度量拓扑。

（2）离散拓扑

设X是任意集合。令$\mathscr{T}_{\text{discrete}} = \mathcal{P}(X) = \{Y \mid Y \subset X\}$。显然它是$X$上的一个拓扑，且不难发现它是关于$X$上的离散度量的度量拓扑。

（3）平凡拓扑（非离散拓扑）

设X是任意集合。令$\mathscr{T}_{\text{trivial}} = \{\emptyset, X\}$。易见它是$X$上的一个拓扑。但只要$X$的元素个数大于1，那么它就不是一个度量拓扑。

（4）余有限拓扑

设X是任意集合。令$\mathscr{T}_{\text{cofinite}} = \{A \subset X \mid$要么$A = \emptyset$，要么$A^c = X \setminus A$是一个有限集$\}$。它是$X$上的一个拓扑，验证如下：

①$\emptyset \in \mathscr{T}$, $X \in \mathscr{T}$，因为$X^c = \emptyset$是有限的。

②如果$A, B \in \mathscr{T}$, $A, B \neq \emptyset$。那么A^c, B^c是有限的，所以$(A \cap B)^c = A^c \cup B^c$是有限的。

③如果$A_\alpha \in \mathscr{T}$而且至少有一个$A_{\alpha_1} \neq \emptyset$，那么$(\cup_\alpha A_\alpha)^c = \cap_\alpha A_\alpha^c \subset A_{\alpha_1}^c$是有限的。

（5）余可数拓扑

设X是任意集合。令$\mathscr{T}_{\text{cocountable}} = \{A \subset X \mid$要么$A \neq \emptyset$，要么$A^c$是至多可数的$\}$。读者可自行验证它是$X$上的一个拓扑。

（6）Zariski拓扑

设 $X = \mathbb{C}^n$, $R = \mathbb{C}[z_1, \cdots, z_n]$，即具有复系数的 n 元多项式环。定义 $\mathscr{T}_{\text{Zariski}} = \{U \subset \mathbb{C}^n \mid \exists f_1, \cdots, f_m \in R$ 使得 U^c 为 $f_1, \cdots, f_m$ 的公共零点集$\}$。可以证明这是一个拓扑。可以在任意交换环上定义Zariski拓扑。该拓扑主要用于代数几何的研究。

（7）Sorgenfrey拓扑

设 $X = \mathbb{R}$，定义 $\mathscr{T}_{\text{Sorgenfrey}} = \{U \subset \mathbb{R} \mid \forall x \in U, \exists \varepsilon > 0$ 使得 $[x, x + \varepsilon) \subset U\}$。可以验证这是一个拓扑.该拓扑将是我们理解不同拓扑性质之间关系的一个重要例子。

2）不同拓扑的比较

所以任何一个集合上都有很多不同的拓扑，其中某些拓扑是度量拓扑，而另一些拓扑不是度量拓扑。注意，对于 X 上的任意拓扑 $\mathscr{T}$，我们总是有 $\mathscr{T}_{\text{trivial}} \subset \mathscr{T} \subset \mathscr{T}_{\text{discrete}}$。

（1）拓扑的比较

设 $\mathscr{T}_1$ 和 $\mathscr{T}_2$ 是 X 上的两个拓扑。如果有 $\mathscr{T}_1 \subset \mathscr{T}_2$，我们称 $\mathscr{T}_1$ 是弱于 $\mathscr{T}_2$ 或者等价地称 $\mathscr{T}_2$ 强于 $\mathscr{T}_1$。

因此，在任意集合 X 上，$\mathscr{T}_{\text{trivial}}$ 是最弱/最粗糙的拓扑，而 $\mathscr{T}_{\text{discrete}}$ 是最强/最精细的拓扑。当然，并不是 X 上的任意两个不同的拓扑都可以比较。例如，$\mathbb{R}$ 上的欧氏拓扑和余可数拓扑是无法比较的，即存在欧氏开集不是余可数拓扑下的开集，也存在余可数拓扑下的开集不是欧氏开集。

（2）拓扑的交

给定 X 上的任意一族拓扑 $\mathscr{T}_\alpha$，则 $\bigcap_\alpha \mathscr{T}_\alpha$ 是 X 上的一个拓扑。

验证如下：

① $\emptyset, X \in \mathscr{T}_\alpha, \forall \alpha \Rightarrow \emptyset, X \in \cap_\alpha \mathscr{T}_\alpha$。

② $U_1, U_2 \in \mathscr{T}_\alpha, \forall \alpha \Rightarrow U_1 \cap U_2 \in \mathscr{T}_\alpha, \forall \alpha \Rightarrow U_1 \cap U_2 \in \cap_\alpha \mathscr{T}_\alpha$。

③ $U_\beta \in \mathscr{T}_\alpha, \forall \alpha \Rightarrow \cup_\beta U_\beta \in \mathscr{T}_\alpha \Rightarrow \cup_\beta U_\beta \in \cap_\alpha \mathscr{T}_\alpha$。

3）从已有的拓扑空间构造新空间

和抽象度量空间的情况一样，我们可以通过已有的拓扑空间构造新的拓扑空间，而最常见的构造是子集继承原空间拓扑而得到的子空间拓扑，以及在乘积空间上通过合适的方法定义的乘积空间拓扑。

（1）子空间拓扑

设 $(X, \mathscr{T})$ 是一个拓扑空间，$Y \subset X$ 是一个子集，则集族 $\mathscr{T}_Y := \{U \cap Y \mid U \in \mathscr{T}\}$ 是 Y 上一个拓扑，称为子空间拓扑。

如果 (X, d_X) 是一个度量空间且 $Y \subset X$，那么由 X 上的度量拓扑所诱导的 Y 上的子空间拓扑与 (Y, d_Y) 上的度量拓扑是一致的。

下面我们解释如何在两个拓扑空间的笛卡尔积上构造合理的拓扑。在数学分析中，我们知道一个集合 $U \subset \mathbb{R}^2$ 是一个开集，当且仅当 U 中的任意点 (x, y) 均为 U 的内点，也当且仅当对于 U 中的任意点 (x, y)，可以找到 $\varepsilon_x > 0$ 和 $\varepsilon_y > 0$ 使得 U 包含 (x, y) 的方形邻域 $(x - \varepsilon_x,$

$x+\varepsilon_x)\times(y-\varepsilon_y,\ y+\varepsilon_y)$。后者，作为笛卡尔积，可以轻易推广到一般的拓扑空间。

（2）乘积拓扑

设 $(X,\ \mathscr{T}_X)$ 和 $(Y,\ \mathscr{T}_Y)$ 是拓扑空间。则 $\mathscr{T}_{X\times Y}:=\{W\subset X\times Y\,|\,\forall(x,y)\in W,\exists U\in\mathscr{T}_X$ 和 $V\in\mathscr{T}_Y$ 使得 $(x,y)\in U\times V\subset W\}$ 是 $X\times Y$ 上的一个拓扑，称为乘积拓扑。

对于度量空间，可以用 $X\times Y$ 定义各种不同的 l^p 型乘积度量。这些不同的乘积度量是拓扑等价的，且它们所诱导的度量拓扑都跟每个分量空间上的度量拓扑的乘积拓扑一致。

1.3 拓扑空间里的收敛与连续性

1.3.1 拓扑空间中的收敛

1）收敛点列

定义拓扑结构是为了将收敛和连续映射的概念扩展到更一般的情形。在拓扑空间中定义收敛序列的概念是非常容易的。直观地说，$x_n\to x_0$ 意味着对于 x_0 的任何邻域 N，序列 x_n 最终将进入并留在 N 中。

收敛

设 x_n 是拓扑空间 $(X;\ \mathscr{T})$ 中的一个点列。如果存在 $x_0\in X$，满足对于 x_0 的任意邻域 A，均存在 $k>0$ 使得当 $n>k$ 时，有 $x_n\in A$，则我们称 x_n 收敛到 x_0，并记为 $x_n\to x_0$。

根据邻域的定义，在 $(X;\ \mathscr{T})$ 中 $x_n\to x_0$ 当且仅当对于任意包含 x_0 的开集 U，存在 $k>0$ 使得对所有 $n>k$ 都有 $x_n\in U$ 成立。

为了更好地理解收敛性，我们列举一些简单的空间中的收敛性。

①度量拓扑下的收敛：考虑度量空间 $(X,\ d)$，我们定义了两种序列收敛概念：按度量收敛以及按度量拓扑收敛。不难验证，这两种序列收敛概念是一致的，即 x_n 按度量拓扑收敛至 x_0 当且仅当 $\forall\varepsilon>0$，$\exists k>0$ 使得对所有 $n>k$，均有 $d(x_n,\ x_0)<\varepsilon$ 成立。

②离散拓扑下的收敛：考虑离散拓扑空间 $(X,\ \mathscr{T}_{\text{discrete}})$，因为开球 $B(x,1)=\{x\}$，我们容易看出 $x_n\to x_0$ 当且仅当存在 k 使得对所有 $n>k$，均有 $x_n=x_0$ 成立。换言之，在离散拓扑空间中，只有最终常值的序列是收敛的。

③平凡拓扑下的收敛：考虑平凡拓扑空间 $(X,\ \mathscr{T}_{\text{trivial}})$，因为唯一的非空开集是集合 X，所以任何序列 $x_n\in X$ 都是收敛的，而且任何点 $x_0\in X$ 都是其极限。

④余有限拓扑下的收敛：考虑余有限拓扑空间 $(X,\ \mathscr{T}_{\text{cofinite}})$，我们假设 $x_n\to x_0$。根据定义，对于 x_0 的任何开邻域 U，存在 k 使得对任意 $n>k$，均有 $x_n\in U$。这一条件成立当且仅当对于任意 $x\neq x_0$，至多有有限多个 $i\in N$ 使得 $x_i=x$ 成立。所以在该空间的收敛性是非常微妙的，例如：

a.如果 x_n 都是不同的，那么序列 $x_1,\ x_2,\cdots$ 收敛到任意点 x_0。

b.形如 $x_0,\ x_1,\ x_0,\ x_2,\ x_0,\cdots$（其中 x_n 都是不同的点）的序列有唯一的极限 x_0。

c.形如 $x_1,\ x_2,\ x_1,\ x_2,\cdots$ 的序列是不收敛的。

⑤余可数拓扑下的收敛：考虑余有限拓扑空间$(X, \mathscr{T}_{\text{cocountable}})$，不妨设$X$为不可数集。由完全相同的论证可得$x_n \to x_0$当且仅当存在$k>0$使得对所有$n>k$都有$x_n = x_0$成立。换言之，同离散拓扑空间一样，只有最终常值的序列收敛。

2）逐点收敛拓扑

如果说上面几个收敛列的例子显得过于人为、不够自然，下面这个例子则告诉我们，我们熟悉的函数逐点收敛也是一种拓扑收敛。

考虑$[0, 1]$上所有函数（不一定连续）构成的空间 $X=\mathcal{M}([0,1], \mathbb{R})=\mathbb{R}^{[0,1]}$。在 X 中，我们可以像往常一样定义函数列的逐点收敛性：$f_n \to f$当且仅当$f_n(x) \to f(x), \forall x \in [0, 1]$。

我们在X上构造合适的拓扑$\mathscr{T}_{p.c.}$，使得逐点收敛正是拓扑空间 $(X, \mathscr{T}_{p.c.})$ 中的收敛。从直观上来说，$\mathscr{T}_{p.c.}$中的开集既不能太多（否则会导致逐点收敛的函数列在该拓扑下不收敛），也不能太少（否则会导致不逐点收敛的函数列在该拓扑下收敛）。于是，合理的做法是先按照逐点收敛本身的含义，确定哪些集合必须是开集，然后根据拓扑的公理，找出包含这些集合的最小集族。

现假设f_n逐点收敛于f，我们需要找到X中合适的包含f的集合作为我们的开集。为此，我们先固定任意$x \in [0, 1]$。根据逐点收敛的定义，对于任意$\varepsilon>0$，可以找到$k>0$使得对所有$n>k$，均有$|f_n(x) - f(x)| < \varepsilon$。这启发我们对于任意$f \in X$，任意$x \in [0, 1]$以及任意$\varepsilon>0$，定义集合$\omega(f; x; \varepsilon) := \{g \in X \mid |g(x) - f(x)| < \varepsilon\}$为$f$的一个基本开邻域，它包含的是在点$x$处跟$f$很接近的函数。根据开集的定义，有限个开集的交依然是开集，于是对于任意有限个点$x_1, \cdots, x_m \in [0, 1]$，我们需要定义$\omega(f; x_1, \cdots, x_m; \varepsilon) := \{g \in X \mid |g(x_i) - f(x_i)| < \varepsilon, \forall 1 \leq i \leq m\}$为$f$的一个开邻域。不难看出，该集合包含了所有在$x_1, \cdots, x_m$处跟$f$都很接近的函数。图1-2为$f$的一个开领域的示意图。

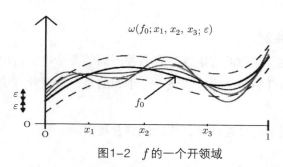

图1-2 f的一个开领域

当然，为了定义出拓扑，我们还得保证任意多个开集的并依然是开集。为此，我们借用欧氏空间或者一般度量空间中开集的定义方式，定义出我们想要的逐点收敛拓扑$\mathscr{T}_{p.c.} = \{U \subset X \mid \forall f_0 \in U, \exists x_1, \cdots, x_m \in [0, 1]$和$\varepsilon > 0$，使得$U \supset \omega(f_0; x_1, \cdots, x_m; \varepsilon)\}$ (1.3.1)

逐点收敛拓扑

由(1.3.1)定义的集族$\mathscr{T}_{p.c.}$是集合$X = \mathcal{M}([0,1], \mathbb{R})$上的一个拓扑，且$X$中的函数列$f_n$逐点收敛于$f$当且仅当$f_n$作为拓扑空间$(X, \mathscr{T}_{p.c.})$中的点列依拓扑收敛于$f$。

证明：按照定义可以验证$\mathscr{T}_{p.c.}$是X上的一个拓扑。

①显然$\emptyset, X \in \mathscr{T}_{p.c.}$。

②如果$U_1, U_2 \in \mathscr{T}_{p.c.}$，那么对于任意$f_0 \in U_1 \cap U_2$，存在$x_1, \cdots, x_m, y_1, \cdots, y_n \in [0, 1]$以及$\varepsilon_1, \varepsilon_2 > 0$，使得 $U_1 \supset \omega(f_0; x_1, \cdots, x_m; \varepsilon_1)$ 且$U_2 \supset \omega(f_0; y_1, \cdots, y_n; \varepsilon_2)$，于是我们有$U_1 \cap U_2 \supset \omega(f_0; x_1, \cdots, x_m, y_1, \cdots, y_n; \min(\varepsilon_1, \varepsilon_2))$即$U_1 \cap U_2 \in \mathscr{T}_{p.c.}$。

③如果 $U_\alpha \in \mathscr{T}_{p.c.}$ 且 $f_0 \in \cup_\alpha U_\alpha$，那么$\exists \alpha_0$使得$f_0 \in U_{\alpha_0}$。根据定义，存在$x_1, \cdots, x_m \in [0, 1]$以及$\varepsilon > 0$使得$\omega(f_0; x_1, \cdots, x_m; \varepsilon) \subset U_{\alpha_0}$。这显然蕴含着$\omega(f_0; x_1, \cdots, x_m; \varepsilon) \subset \cup_\alpha U_\alpha$，从而$\cup_\alpha U_\alpha \in \mathscr{T}_{p.c.}$。

接下来我们证明函数列的逐点收敛等价于在$\mathscr{T}_{p.c.}$拓扑下的收敛。

①设f_n逐点收敛于f，设$U \subset X$是$\mathscr{T}_{p.c.}$中的开集，且$f \in U$。则$\exists x_1, \cdots, x_m \in [0, 1]$和$\varepsilon > 0$使得 $\omega(f; x_1, \cdots, x_m; \varepsilon) \subset U$。由逐点收敛的定义，我们有$f_n(x_i) \to f(x_i), 1 \leqslant i \leqslant m$，即存在$k_i$使得当$n > k_i$时有$|f_n(x_i) - f(x_i)| < \varepsilon$。所以对于任意$n > k = \max(k_1, \cdots, k_m)$，都有 $f_n \in \omega(f; x_1, \cdots, x_m; \varepsilon) \subset U$。于是根据定义，$f_n$在拓扑空间$(X, \mathscr{T}_{p.c.})$中收敛于$f$。

②反之，设 f_n在$(X, \mathscr{T}_{p.c.})$中收敛于f。对任意$x \in [0, 1]$，我们取f的开邻域$U = \omega(f, x, \varepsilon)$。则存在$k > 0$使得当$n > k$时，$f_n \in U$，即$|f_n(x) - f(x)| < \varepsilon$对所有$n > k$成立，也即$f_n(x) \to f(x)$，故$f_n$逐点收敛于$f$。

度量空间之间映射列的一致收敛是一个度量意义下的收敛。但是，在函数空间X上不存在度量使得函数逐点收敛是度量收敛。这一事实也从侧面印证了引进"拓扑"这一抽象概念的必要性。我们还要指出，并非所有我们称之为"收敛"的现象都是拓扑意义上的收敛。比如，在[0, 1]区间上的所有有界可测函数所构成的集合上，并不存在一个拓扑使得几乎处处收敛等价于该拓扑下的收敛。

1.3.2 连续映射

1）拓扑空间之间的连续映射

拓扑结构可以用于定义映射的连续性。有两种不同的方法可以给出定义：使用收敛序列或使用拓扑结构本身（开集、闭集、邻域）。不幸的是，这两种方法给出了两种不同的结果。

让我们先用收敛序列来定义连续性，这比较符合我们的直觉。

（1）序列连续映射

对于拓扑空间之间的映射$f : (X, \mathscr{T}_X) \to (Y, \mathscr{T}_Y)$

①如果对于X中的任意收敛序列$x_n \to x_0$，在Y中均有$f(x_n) \to f(x_0)$，则称映射f在x_0处序列连续。

②如果f在X中的每一点处都是序列连续的，则称f为序列连续映射。

我们也可以用拓扑结构本身，即用开集/闭集/邻域等来定义连续映射。

（2）连续映射

对于拓扑空间之间的映射 $f : (X, \mathscr{T}_X) \to (Y, \mathscr{T}_Y)$

①如果 Y 中点 $f(x_0)$ 的任意邻域 B 的原像 $f^{-1}(B)$ 都是 X 中点 x_0 的邻域，则我们称 f 在点 x_0 处连续。

②如果 f 在 X 中的每一点处都是连续的，则称 f 为一个连续映射。

根据定义我们容易证明（序列）连续映射的复合映射仍然是（序列）连续的。

（3）（序列）连续映射的复合

设 X, Y, Z 是拓扑空间。

①如果 $f : X \to Y$ 在点 x_0 处连续，$g : Y \to Z$ 在 $f(x_0)$ 处连续，那么 $g \circ f : X \to Z$ 在 x_0 处连续。

②如果 $f : X \to Y$ 在点 x_0 处序列连续，$g : Y \to Z$ 在 $f(x_0)$ 处处序列连续，则 $g \circ f : X \to Z$ 在 x_0 处序列连续。

证明：①如果 f 和 g 都是连续的，那么对于 Z 中 $g(f(x_0))$ 的任意邻域 C，$g^{-1}(C)$ 是 Y 中 $f(x_0)$ 的邻域，因此 $(g \circ f)^{-1}(C) = f^{-1}(g^{-1}(C))$ 是 X 中 x_0 的邻域。因此 $g \circ f$ 在 x_0 处是连续的。

②如果 f 和 g 都是序列连续的，那么对于 X 中的收敛序列 $x_n \to x_0$，我们有 $f(x_n) \to f(x_0)$，进而有 $g(f(x_n)) \to g(f(x_0))$，所以 $g \circ f$ 是序列连续的。

2）序列连续性 vs 连续性

在度量空间中，序列连续性和连续性是等价的。

连续一定序列连续

如果 $f : (X, \mathscr{T}_X) \to (Y, \mathscr{T}_Y)$ 在 x_0 处连续，那么它也在 x_0 处序列连续。因此，任何连续映射 $f : (X, \mathscr{T}_X) \to (Y, \mathscr{T}_Y)$ 都是序列连续的。

证明：设 $x_n \to x_0$。在 Y 中取 $f(x_0)$ 的任意邻域 B. 则由连续性知 $f^{-1}(B)$ 是 x_0 的邻域。因为 $x_n \to x_0$，所以存在 $k > 0$ 使得对任意 $n > k$ 都有 $x_n \in f^{-1}(B)$。因此对所有 $n > k$ 都有 $f(x_n) \in B$，即 $f(x_n) \to f(x_0)$。故 f 在 x_0 处是序列连续的。

但是，反之则不然。例如，考虑恒等映射 $\mathrm{Id} : (\mathbb{R}, \mathscr{T}_{\text{cocountable}}) \to (\mathbb{R}, \mathscr{T}_{\text{discrete}})$，$x \mapsto x$。则 Id 是序列连续的. 这是因为一个序列在 $(\mathbb{R}, \mathscr{T}_{\text{cocountable}})$ 中收敛当且仅当它在 $(\mathbb{R}, \mathscr{T}_{\text{discrete}})$ 中收敛（并收敛到相同的极限）。然而，Id 在任意点处都不连续，对任意点 $x \in \mathbb{R}$，区间 $[x-1, x+1]$ 是 x 在 $(\mathbb{R}, \mathscr{T}_{\text{discrete}})$ 中的开邻域，但不是 x 在 $(\mathbb{R}, \mathscr{T}_{\text{cocountable}})$ 中的开邻域。

3）用开集定义整体连续性

我们在前文中证明了 $f : (X, d_X) \to (Y, d_Y)$ 是一个连续映射当且仅当 Y 中的任意开集 V 的原像 $f^{-1}(V)$ 是 X 中的开集。通过重复当时的证明，我们可以很容易地证明下述通过开集对连续映射给出的刻画。

（1）开集与连续性

设 $f:(X, \mathscr{T}_X) \to (Y, \mathscr{T}_Y)$ 是一个映射，则 f 是连续的当且仅当开集的原像是开集，即对于任意 $V \in \mathscr{T}_Y$，我们有 $f^{-1}(V) \in \mathscr{T}_X$。

在拓扑学中，有一个开-闭对偶原理。通过开集描述的事实具有一个"对偶"的、通过闭集给出的描述。其证明只要通过标准的"取补集"即可。

（2）闭集与连续性

映射 $f:(X, \mathscr{T}_X) \to (Y, \mathscr{T}_Y)$ 是连续的当且仅当对于 Y 中的任意闭集 F，其原像 $f^{-1}(F)$ 在 X 中是闭集。

证明：注意到 $f^{-1}(F)$ 是闭集当且仅当 $X \setminus f^{-1}(F) = f^{-1}(Y \setminus F)$ 是开集。

4）开映射和闭映射

在连续映射下，开集的原像是开集，闭集的原像都是闭集。但一般来说，可以很容易找到例子表明开集在连续映射下的像不一定是开集，闭集在连续映射下的像不一定是闭集。

开映射和闭映射

对于拓扑空间之间的映射 $f:(X, \mathscr{T}_X) \to (Y, \mathscr{T}_Y)$

①如果 X 中的任意开集 U 的像 $f(U)$ 在 Y 中是开集，则称映射 f 为开映射。

②如果 X 中的任意闭集 F 的像 $f(F)$ 在 Y 中是闭集，则称映射 f 为闭映射。

虽然开/闭映射看起来更自然，但它们在拓扑中不如连续映射重要和方便。这主要是因为相比于求映射的像，取映射的原像这一操作可以更好地保持集合的交、并、补运算。具体来说，我们总是有 $f^{-1}(\bigcup_\alpha B_\alpha) = \bigcup_\alpha f^{-1}(B_\alpha)$，$f^{-1}(\bigcap_\alpha B_\alpha) = \bigcap_\alpha f^{-1}(B_\alpha)$，$f^{-1}(Y \setminus B) = X \setminus f^{-1}(B)$。但是一般来说，我们只有 $f(\bigcup_\alpha A_\alpha) = \bigcup_\alpha f(A_\alpha)$，$f(\bigcap_\alpha A_\alpha) \subset \bigcap_\alpha f(A_\alpha)$，$f(X \setminus A) \supset f(X) \setminus f(A)$。但是，开/闭映射确实出现在其他一些数学分支中，并且起着非常重要的作用。例如，泛函分析中最重要的定理之一——开映射定理，断言 Banach 空间之间的满射连续线性算子都是开映射。在复分析中也有一个开映射定理，它指出在复平面的连通开子集上定义的任何非常值全纯函数都是开映射。本书的后半部分将证明 Brouwer 区域不变性定理。如果 $U \subset \mathbb{R}^n$ 是一个开集，那么任何单射连续映射 $f:U \to \mathbb{R}^n$ 是一个开映射。

5）连续映射的例子

下面我们给出一些连续映射的例子。

①任意常值映射 $f:X \to Y$ 都是连续的。

设 $f(x) \equiv y_0 \in Y$，U 是 Y 中的任意开集。则

a.若 $y_0 \in U$，则 $f^{-1}(U) = X$ 是 X 中的开集。

b.若 $y_0 \notin U$，则 $f^{-1}(U) = \emptyset$ 是 X 中的开集。

所以 f 是连续的。

注意：这个论证也解释了为什么在开集公理中我们需要 $\emptyset$，X 在任何拓扑中都是开集，否则，常值映射可能是不连续的。

②任意映射 $f : (X, \mathscr{T}_X) \to (Y, \mathscr{T}_{\text{trivial}})$ 都是连续的。

③任意映射 $f : (X, \mathscr{T}_{\text{discrete}}) \to (Y, \mathscr{T}_Y)$ 都是连续的。

④恒同映射 $\text{Id} : (X, \mathscr{T}_2) \to (X, \mathscr{T}_1)$ 是连续的当且仅当 $\mathscr{T}_1 \subset \mathscr{T}_2$，即 $\mathscr{T}_1$ 比 $\mathscr{T}_2$ 弱。

以下两个命题说明了子空间拓扑以及乘积空间拓扑下自然的映射都是连续映射。

（1）子空间的嵌入映射

设 $(X, \mathscr{T}_X)$ 为拓扑空间，赋予 $A \subset X$ 子空间拓扑。则包含映射 $\iota : A \hookrightarrow X$ 是连续的，且子空间拓扑是 A 上最弱的使得 ι 连续的拓扑。

证明：映射 ι 在子空间拓扑下的连续性可由定义以及命题直接得到。反之，假设 $\mathscr{T}$ 为 A 上的一个拓扑，使得 $\iota : (A, \mathscr{T}) \hookrightarrow (X, \mathscr{T}_X)$ 为连续映射。则对于 X 中任意开集 $U \in \mathscr{T}_X$，其原像 $\iota^{-1}(U) = U \cap A$ 是 $\mathscr{T}$ 中的开集。于是根据定义，$\mathscr{T}$ 强于 A 作为 X 子空间所继承的子空间拓扑。

因此，我们得出推论：

设 $(X, \mathscr{T}_X)$ 和 $(Y, \mathscr{T}_Y)$ 为拓扑空间，赋予 $A \subset X$ 子空间拓扑。

①如果映射 $f : X \to Y$ 是连续的，则 $f|_A : A \to Y$ 是连续的。

②映射 $g : Y \to A$ 是连续的当且仅当 $\iota \circ g : Y \to X$ 是连续的。

证明：①由连续映射的复合命题以及 $f|_A = f \circ \iota$ 即可得到。

②"仅当"部分是连续映射的复合命题和子空间的嵌入映射命题的推论。"当"的部分由定义可得，对于 A 中的任意开集 $A \cap U$，其中 $U \in \mathscr{T}_X$，我们有 $g^{-1}(A \cap U) = (\iota \circ g)^{-1}(U)$。

对于乘积空间，最自然的映射是投影映射。

（2）乘积空间的投影映射

设 $(X, \mathscr{T}_X)$ 和 $(Y, \mathscr{T}_Y)$ 为拓扑空间，$(X \times Y, \mathscr{T}_{X \times Y})$ 为其乘积拓扑空间。则投影映射
$$\pi_X : X \times Y \to X, \quad (x, y) \mapsto x$$
$$\pi_Y : X \times Y \to X, \quad (x, y) \mapsto y$$
都是连续映射，也都是开映射。

证明：我们只证明关于 π_X 的结论，因为关于 π_Y 的证明是相似的。π_X 连续是因为 $\forall U \in \mathscr{T}_X, \pi_X^{-1}(U) = U \times Y \in \mathscr{T}_{X \times Y}$。$\pi_X$ 是开映射是因为对任意开集 $W \in X \times Y$ 和任意 $x \in \pi_X(W)$，存在点 $(x, y) \in W$。根据乘积拓扑的定义，存在 X 中开集 $U \ni x$ 和 Y 中开集 $V \ni y$ 使得 $(x, y) \in U \times V \subset W$。于是 $x \in U \subset \pi_X(W)$。所以 $\pi_X(W)$ 在 X 中是开集，即 π_X 是一个开映射。

注意，投影映射不一定是闭映射。例如，平面 $\mathbb{R} \times \mathbb{R}$ 里的闭集 $\{(x, 1/x) \mid x > 0\}$ 到分量 $\mathbb{R}$ 上的投影是 $(0, +\infty)$，并不是 $\mathbb{R}$ 中的闭集。

6）同胚

通过连续映射，我们可以定义拓扑空间之间的等价性。

（1）同胚

设 X 和 Y 是拓扑空间。如果存在可逆映射 $f: X \to Y$ 使得 f 和 f^{-1} 都是连续映射，则我们称拓扑空间 X 和 Y 是同胚的，记为 $X \simeq Y$，而映射 f 则被称为是 X 和 Y 之间的一个同胚。

如果一个性质在同胚下被保持，我们称它是一个拓扑性质。

（2）同胚是等价关系

同胚是拓扑空间之间的等价关系。

证明：我们有

① $X \simeq X$：因为 $\mathrm{Id}: (X, \mathscr{T}_X) \to (X, \mathscr{T}_X)$ 是同胚。

② $X \simeq Y \Longrightarrow Y \simeq X$：如果 $f: X \to Y$ 是同胚，那么 $f^{-1}: Y \to X$ 也是同胚。

③ $X \simeq Y, Y \simeq Z \Longrightarrow X \simeq Z$：如果 $f: X \to Y$ 和 $g: Y \to Z$ 是同胚，那么 $g \circ f: X \to Z$ 是双射，且 $g \circ f$ 和 $(g \circ f)^{-1} = f^{-1} \circ g^{-1}$ 都连续。

我们将同胚的拓扑空间视为同一空间。

例：在通常的欧氏拓扑下，不难看出

① $(0, 1) \simeq \mathbb{R}$。

② $S^n - \{北极点\} \simeq \mathbb{R}^n$。

③ $[0, 1] \not\simeq (0, 1) \not\simeq [0, 1) \not\simeq S^1 \not\simeq \mathbb{R}^2$。

除了连续和双射，从定义中可以清楚地看出同胚必须既是开映射又是闭映射。反过来说，根据定义，如果 f 是可逆的，那么 f^{-1} 是连续的当且仅当 f 是开映射（也当且仅当 f 是闭映射）。

（3）同胚与开/闭映射

设 $f: X \to Y$ 是一个连续双射。如果 f 是开映射或是闭映射，那么 f 是同胚。

与度量空间的情况类似，我们可以定义拓扑嵌入的概念。

（4）拓扑嵌入

设 X, Y 是拓扑空间，$f: X \to Y$ 是一个连续单射。如果 f 是从 X 到 $f(X) \subset Y$（赋有子空间拓扑）的同胚，我们则称 f 是从 X 到 Y 的拓扑嵌入。

7）（阅读材料）相容性：拓扑群和拓扑向量空间

在数学中，我们的研究对象往往具有多种不同的结构。拓扑结构与其他结构是否相容？在有相容性的情况下，这些不同的结构之间会碰撞出新的火花，从而我们可以预期有更丰富多彩的性质。一般而言，拓扑结构与其他结构之间的相容性是通过其他结构中出现的映射的连续性来定义的。

（1）拓扑群

设 G 是一个群，且 G 上赋有一个拓扑结构。如果群运算 $m: G \times G \to G$，$(g_1, g_2) \mapsto m(g_1, g_2) := g_1 \cdot g_2$ 和 $i: G \to G$，$g \mapsto i(g) := g^{-1}$ 都是连续映射（这里我们赋予 $G \times G$ 乘积拓扑），则我们称 G 为一个拓扑群。

类似地，我们也可以定义拓扑环、拓扑域等。

拓扑群在数学中被广泛用于描述连续对称性。这里给出一些常见的例子。

①任何赋有离散拓扑的群 G 都是一个拓扑群。

② $\mathbb{R}$ 和 $\mathbb{C}$ 在通常的群结构和通常的拓扑下是拓扑群（实际上还是拓扑域）。

③ S^1, $\mathbb{R}^n$, $\mathbb{T}^n:=(S^1)^n$（在通常的群与拓扑结构下）是拓扑群。

④矩阵群 $\mathrm{GL}(n,\mathbb{R})$, $\mathrm{GL}(n,\mathbb{C})$, $\mathrm{SL}(n,\mathbb{R})$, $\mathrm{SL}(n,\mathbb{C})$, $\mathrm{O}(n)$, $\mathrm{SO}(n)$, $\mathrm{U}(n)$, $\mathrm{SU}(n)$ 等（在通常的结构下）都是拓扑群。

⑤上面②、③、④中的例子实际上是李群。这里给出一个不是李群的拓扑群。$\mathbb{Q}$ 在具有通常的结构下是一个拓扑群，但不是李群。

在泛函分析中，人们研究向量空间（通常是无限维）上的分析学。此时向量空间的拓扑结构与向量空间的线性结构之间的相容性是至关重要的。

（2）拓扑向量空间

设 X 是 $\mathbb{R}$ 或 $\mathbb{C}$（或某个拓扑域 $\mathbb{K}$）上的向量空间，并被赋予了一个拓扑。如果向量加法映射 $+: X\times X\to X, (x,y)\mapsto x+y$ 和标量乘法映射 $\bullet: \mathbb{K}\times X\to X, (\lambda,x)\mapsto \lambda x$ 都是连续映射（这里 $X\times X$ 和 $\mathbb{K}\times X$ 都使用乘积拓扑），则我们称 X 为一个拓扑向量空间。

注意，拓扑向量空间自动是拓扑群。

例：

① $\mathbb{R}^n$, $\mathbb{C}^n$ 在通常的结构下是拓扑向量空间。

②在赋予离散拓扑时，$\mathbb{R}^n$ 不是拓扑向量空间（虽然向量加法仍然是连续的，但标量乘法不是连续的）。

③度量空间 $(\mathbb{R}^n, d)$, $(l^p(\mathbb{R}), d_p)$, $(C([a,b]), L^p)$ 等，在其度量拓扑下，都是拓扑向量空间。

④事实上，在泛函分析中，我们见到的各种空间都是拓扑向量空间，而且它们之间具有包含关系：{Hilbert 空间} $\subset$ {Banach 空间} $\subset$ {Fréchet 空间} $\subset$ {局部凸拓扑向量空间} $\subset$ {拓扑向量空间}。

1.4　拓扑的构造

1.4.1　基与子基

1）用基定义拓扑

我们可以仔细观察一下度量拓扑 $\mathscr{T}_d$、Sorgenfrey拓扑 $\mathscr{T}_{\text{Sorgenfrey}}$、乘积拓扑 $\mathscr{T}_{X\times Y}$ 以及逐点收敛拓扑 $\mathscr{T}_{p.c.}$ 等拓扑的定义。

① $\mathscr{T}_d=\{U\subset X\mid \forall x\in U, \exists r>0$ 使得 $B(x,r)\subset U\}$。

② $\mathscr{T}_{\text{Sorgenfrey}}=\{U\subset \mathbb{R}\mid \forall x\in U, \exists \varepsilon>0$ 使得 $[x,x+\varepsilon)\subset U\}$。

③ $\mathscr{T}_{X\times Y}=\{W\subset X\times Y\mid \forall(x,y)\in W, \exists U\in \mathscr{T}_X$ 和 $V\in \mathscr{T}_Y$ 使得 $(x,y)\in U\times V\subset W\}$。

④ $\mathscr{T}_{p.c.}=\{U\subset \mathcal{M}\mid \forall f_0\in U, \exists x_1,\cdots,x_n$ 以及 $\varepsilon>0$ 使得 $\omega(f_0;x_1,\cdots,x_n;\varepsilon)\subset U\}$。

不难发现这些拓扑之间有一个共同的性质，它们都具有

$\mathscr{T}_{\mathcal{B}} := \{U \subset X \mid \forall x \in U, \exists B \in \mathcal{B} \text{使得} x \in B \subset U\}$ (1.4.1)，其中 $\mathcal{B} \subset \mathcal{P}(X)$ 是某个集族。比如，对于度量拓扑，$\mathcal{B}=$ 给定度量空间中的所有开球。

这种多次出现的现象背后一般都有某种规律。

问题：设 $\mathcal{B} \subset \mathcal{P}(X)$ 是 X 的子集的集族，在 $\mathcal{B}$ 满足什么条件下，由 (1.4.1) 定义的集族 $\mathscr{T}_{\mathcal{B}}$ 是 X 上的一个拓扑？

根据构造，$\emptyset \in \mathscr{T}_{\mathcal{B}}$。我们希望有 $X \in \mathscr{T}_{\mathcal{B}}$，所以我们需要 $\forall x \in X, \exists B \in \mathcal{B}$ 使得 $x \in B$ （B1）。

假设 $U_1, U_2 \in \mathscr{T}_{\mathcal{B}}$，我们希望有 $U_1 \cap U_2 \in \mathscr{T}_{\mathcal{B}}$，即要求 $\forall U_1, U_2 \in \mathscr{T}_{\mathcal{B}}$, $\forall x \in U_1 \cap U_2$, $\exists B \in \mathcal{B}$ 使得 $B \subset U_1 \cap U_2$ (1.4.2)。

然而，这个条件涉及集族 $\mathscr{T}_{\mathcal{B}}$ 中的元素 U_1、U_2，因而并不是关于集族 $\mathcal{B}$ 本身的条件。不过，根据 $\mathscr{T}_{\mathcal{B}}$ 的构造，对于任意 $x \in U_1 \cap U_2$，均存在 $B_1, B_2 \in \mathcal{B}$ 使得 $x \in B_1 \subset U_1$ 以及 $x \in B_2 \subset U_2$。因此，为了使 (1.4.2) 成立，我们可以假设 $\forall B_1, B_2 \in \mathcal{B}$, $\forall x \in B_1 \cap B_2$, $\exists B \in \mathcal{B}$ s.t. $x \in B \subset B_1 \cap B_2$ （B2）。

最后，假设 $U_\alpha \in \mathscr{T}_{\mathcal{B}}$。则我们自动有 $\cup_\alpha U_\alpha \in \mathscr{T}_{\mathcal{B}}$，因为 $\forall x \in \cup_\alpha U_\alpha, \exists \alpha_0$ 使得 $x \in U_{\alpha_0}$。所以 $\exists B \in \mathcal{B}$ 使得 $x \in B \subset U_{\alpha_0}$，这意味着 $x \in B \subset \cup_\alpha U_\alpha$ 即 $\cup_\alpha U_\alpha \in \mathscr{T}_{\mathcal{B}}$。

答案：由 (1.4.1) 定义的 $\mathscr{T}_{\mathcal{B}}$ 是 X 上的拓扑的充要条件是集族 $\mathcal{B}$ 满足条件 (B1) 和 (B2)。

拓扑基

若集族 $\mathcal{B} \subset \mathcal{P}(X)$ 满足条件 (B1) 和 (B2)，则我们称 $\mathcal{B}$ 为 X 的一个拓扑基，并称由 (1.4.1) 定义的拓扑 $\mathscr{T}_{\mathcal{B}}$ 为由基 $\mathcal{B}$ 生成的拓扑。

不同的基可以生成相同的拓扑。例如，$\mathbb{R}^2$ 的以下 3 个拓扑基所生成的拓扑都是欧氏拓扑。

$$\mathcal{B}_1 = \{B(x,r) \mid x \in \mathbb{R}^2, r > 0\}。$$
$$\mathcal{B}_2 = \{B(x,r) \mid x \in \mathbb{Q}^2, r \in \mathbb{Q}_{>0}\}。$$
$$\mathcal{B}_3 = \{(a,b) \times (c,d) \mid a,b,c,d \in \mathbb{R}\}。$$

注意，上面第二个拓扑基 $\mathcal{B}_2$ 是一个可数族。

根据定义，$\mathcal{B} \subset \mathscr{T}_{\mathcal{B}}$，即 $\mathcal{B}$ 中的每个元素都是拓扑 $\mathscr{T}_{\mathcal{B}}$ 中的一个开集。反之，通常不成立。

2）箱拓扑

通过拓扑基，我们可以在任意多拓扑空间的乘积空间上构造一个拓扑。

任给一族拓扑空间 $(X_\alpha, \mathscr{T}_\alpha)$，我们想在笛卡尔积 $\prod_\alpha X_\alpha = \{(x_\alpha) \mid x_\alpha \in X_\alpha\}$ 上定义一个拓扑。我们可以跟定义两个拓扑空间的乘积拓扑一样，考虑集族 $\mathcal{B} = \left\{ \prod_\alpha U_\alpha \mid U_\alpha \in \mathscr{T}_\alpha \right\}$。

很容易验证 $\mathcal{B}$ 满足 (B1) 和 (B2)，从而是 $\prod_\alpha X_\alpha$ 的一个拓扑基。它所生成的拓扑 $\mathscr{T}_{\text{box}} = \{U \subset \prod_\alpha X_\alpha \mid \forall (x_\alpha) \in U, \exists U_\alpha \in \mathscr{T}_\alpha$ 使得 $(x_\alpha) \in \prod_\alpha U_\alpha \subset U\}$ 被称为是 $X = \prod_\alpha X_\alpha$ 上的箱

拓扑。

3）用基定义拓扑：极小性

为了理解 $\mathcal{B}$ 和 $\mathcal{T}_\mathcal{B}$ 之间的关系，我们给出拓扑基 $\mathcal{B}$ 生成拓扑 $\mathcal{T}_\mathcal{B}$ 的另一种解释。

（1）开集作为基元素的并

如果 $\mathcal{B}$ 是 X 的一个拓扑基，那么它所生成的拓扑为 $\mathcal{T}_\mathcal{B} = \{ \bigcup_{B \in \mathcal{B}'} B \mid \mathcal{B}' \subset \mathcal{B} \}$。

证明：由 $\mathcal{B} \subset \mathcal{T}_\mathcal{B}$ 可知，对于任何子集族 $\mathcal{B}' \subset \mathcal{B}$，都有 $\bigcup_{B \in \mathcal{B}'} B \in \mathcal{T}_\mathcal{B}$，反之，对于任意 $U \in \mathcal{T}_\mathcal{B}$ 和任意 $x \in U$，根据定义存在 $B_x \in \mathcal{B}$ 使得 $x \in B_x \subset U$。因此 $U = \bigcup_{x \in U} B_x$，即 U 具有给定的形式。

（2）拓扑基所生成拓扑的极小性

设 $\mathcal{B}$ 是 X 的一个拓扑基，拓扑 $\mathcal{T}'$ 满足 $\mathcal{B} \subset \mathcal{T}'$，则 $\mathcal{T}_\mathcal{B} \subset \mathcal{T}'$。

因此，$\mathcal{T}_\mathcal{B}$ 是最小的使 $\mathcal{B}$ 中的所有集合都是开集的拓扑。

$$\mathcal{T}_\mathcal{B} = \bigcap_{\substack{\mathcal{B} \subset \mathcal{T}' \\ \mathcal{T}' \text{是拓扑}}} \mathcal{T}'$$

4）由任意子集族生成的拓扑

事实上，上述公式可用于从任意子集族（不需要是拓扑基）构造拓扑。为了看清这一点，我们首先回忆在前文中，我们证明了 X 上任意一族拓扑 $\mathcal{T}_\alpha$ 的交 $\bigcap_\alpha \mathcal{T}_\alpha$ 依然是一个拓扑。因此，对于 X 中的任意子集族 $\mathcal{S} \subset \mathcal{P}(X)$，$\mathcal{T}_\mathcal{S} := \bigcap_{\substack{\mathcal{S} \subset \mathcal{T}' \\ \mathcal{T}' \text{是拓扑}}} \mathcal{T}'$ (1.4.3) 是 X 上的一个拓扑。

（1）任意集族生成的拓扑

任给 X 中的子集族 $\mathcal{S} \subset \mathcal{P}(X)$，我们称由 (1.4.3) 定义的拓扑为由 $\mathcal{S}$ 生成的拓扑。

根据定义，$\mathcal{T}_\mathcal{S}$ 是使 $\mathcal{S}$ 中的所有集合都是开集的拓扑中最弱的拓扑。

（2）集族生成拓扑的基

设 $\mathcal{S} \subset \mathcal{P}(X)$ 为子集族，并记

$$\mathcal{B} = \{ B \mid \exists S_1, \cdots, S_m \in \mathcal{S} \text{使得} B = S_1 \cap \cdots \cap S_m \}。 \tag{1.4.4}$$

则

① 如果 $\bigcup_{S \in \mathcal{S}} S = X$，那么 $\mathcal{B}$ 是 X 的一个拓扑基，且 $\mathcal{T}_\mathcal{S} = \mathcal{T}_\mathcal{B}$。

② 如果 $X' = \bigcup_{S \in \mathcal{S}} \subset X$，那么 $\mathcal{B}$ 是 X' 上的一个拓扑基，且 $\mathcal{T}_\mathcal{S} = \{X\} \cup \mathcal{T}_\mathcal{B}$。

证明：① 由定义，$\mathcal{S} \subset \mathcal{B}$。所以条件 $\bigcup_{S \in \mathcal{S}} = X$ 意味着 $\bigcup_{B \in \mathcal{B}} = X$，这等价于集族 $\mathcal{B}$ 满足条件 (B1)。由构造，$\mathcal{B}$ 也满足条件 (B2)。所以 $\mathcal{B}$ 是一个拓扑基。显然对于任意拓扑 $\mathcal{T}'$，$\mathcal{T}' \supset \mathcal{S} \iff \mathcal{T}' \supset \mathcal{B}$。所以 $\bigcap_{\mathcal{S} \subset \mathcal{T}'} \mathcal{T}' = \bigcap_{\mathcal{B} \subset \mathcal{T}'} \mathcal{T}'$，即由 $\mathcal{B}$ 生成的拓扑就是 $\mathcal{T}_\mathcal{S}$。

② 由①，$\{X\} \cup \mathcal{T}_\mathcal{B}$ 是 X 上的一个拓扑。根据构造，它是 X 上使 $\mathcal{S}$ 中的所有集合都是开集的拓扑中最弱的拓扑。

5）用子基定义的拓扑

拓扑子基

如果集族$\mathcal{S} \subset \mathcal{P}(X)$满足$\bigcup_{S \in \mathcal{S}} S = X$，则我们称$\mathcal{S}$是$X$的一个拓扑子基，而称$\mathcal{T}_S$为由子基$\mathcal{S}$生成的拓扑。

我们给出由拓扑基或拓扑子基所生成拓扑的一些例子。

①对于$\mathbb{R}$上的标准欧氏拓扑，$\mathcal{B} = \{(a,b) \mid a < b\}$是一个拓扑基，而$\mathcal{S} = \{(-\infty, a), (a, +\infty) \mid a \in \mathbb{R}\}$是一个子基。

②对于$X \times Y$上的乘积拓扑，$\mathcal{B} = \{U \times V \mid U \in \mathcal{T}_X, V \in \mathcal{T}_Y\}$是一个拓扑基，而$\mathcal{S} = \{U \times Y \mid U \in \mathcal{T}_X\} \bigcup \{X \times V \mid V \in \mathcal{T}_Y\}$是一个子基。

③对于$\mathcal{M}([0,1], \mathbb{R})$上的逐点收敛拓扑$\mathcal{T}_{p.c.}$，$\mathcal{B} = \{\omega(f; x_1, \cdots, x_n; \varepsilon) \mid f \in \mathcal{M}([0,1], \mathbb{R}), n \in \mathbb{N}, x_1, \cdots, x_n \in [0,1], \varepsilon > 0\}$是一个拓扑基，而$\mathcal{S} = \{\omega(f; x; \varepsilon) \mid f \in \mathcal{M}([0,1], \mathbb{R}), x \in [0,1], \varepsilon > 0\}$是一个子基。

6）基和子基的判据

给定集族$\mathcal{B}$，我们如何判断它是否是生成给定拓扑$\mathcal{T}$的一个拓扑基？下面是一个简单的判据。

（1）拓扑基的判据

设$(X, \mathcal{T})$是拓扑空间，则集族$\mathcal{B} \subset \mathcal{P}(X)$是生成$\mathcal{T}$的一个拓扑基当且仅当

①$\mathcal{B} \subset \mathcal{T}$。

②对于任意$U \in \mathcal{T}$和任意$x \in U$，存在$B \in \mathcal{B}$使得$x \in B \subset U$。

证明：由定义，如果$\mathcal{B}$是$\mathcal{T}$的一个基，则①和②成立。反之，显然由②可以推出(B1)，并且①和②一起可以推出(B2)。所以$\mathcal{B}$是一个基。此外，由②可知$\mathcal{T} \subset \mathcal{T}_{\mathcal{B}}$。但根据最小性，$\mathcal{T}_{\mathcal{B}} \subset \mathcal{T}$。所以$\mathcal{B}$生成的拓扑就是$\mathcal{T}$。

（2）拓扑子基的判据

设$(X, \mathcal{T})$是拓扑空间，则集族$\mathcal{S} \subset \mathcal{P}(X)$是生成$\mathcal{T}$的一个子基当且仅当

①$\mathcal{S} \subset \mathcal{T}$。

②对任意$U \in \mathcal{T}$和任意$x \in U$，存在$S_1, \cdots, S_n \in \mathcal{S}$使得$x \in \cap_{i=1}^{n} S_i \subset U$。

7）用基和子基刻画连续性

拓扑空间之间的映射$f: X \to Y$是连续的当且仅当任意开集的原像依然是开集。事实上，为了判定一个映射是否连续，我们只需要验证一部分集合的原像是否是开集，我们只需验证一个拓扑基或子基中的元素的原像是否开集即可。

连续映射的刻画：拓扑基与子基

假设$\mathcal{B}$是$\mathcal{T}_Y$的一个拓扑基，$\mathcal{S}$是$\mathcal{T}_Y$的一个子基。那么映射$f: (X, \mathcal{T}_X) \to (Y, \mathcal{T}_Y)$是连续映射

$\Longleftrightarrow$对于任意$B \in \mathcal{B}$，其原像$f^{-1}(B)$在X中是开集。

$\Longleftrightarrow$对于任意$S \in \mathcal{S}$，其原像$f^{-1}(S)$在X中是开集。

证明：我们只需证明 $f^{-1}(S) \in \mathscr{T}_X, \forall S \in \mathcal{S} \Longrightarrow f^{-1}(V) \in \mathscr{T}_X, \forall V \in \mathscr{T}_Y$，而这是 f^{-1} 保并集和交集，即 $f^{-1}(\bigcup_{\alpha} \bigcap_{i=1}^{n(\alpha)} S_{\alpha,i}) = \bigcup_{\alpha} \bigcap_{i=1}^{n(\alpha)} f^{-1}(S_{\alpha,i})$ 的直接推论。

8）序拓扑

（1）偏序集与全序集

设 X 是一个集合。

①若 X 上存在一个关系 $\leqslant$，满足

a. $x \leqslant x$。

b. 如果 $x \leqslant y, y \leqslant z$，则 $x \leqslant z$。

c. 如果 $x \leqslant y, y \leqslant x$，则 $x = y$。

则称 $\leqslant$ 为 X 上的一个偏序关系，而称 $(X, \leqslant)$ 为一个偏序集。

②若 $\leqslant$ 是 X 上的一个偏序，且对任意 x, y 都有 $x \leqslant y$ 或 $y \leqslant x$，则称 $\leqslant$ 为 X 上的一个全序关系，而称 $(X, \leqslant)$ 为一个全序集。

注意，给定任何序关系 $\leqslant$，我们可以定义 $<$ 如下：

$$x < y \Longleftrightarrow x \leqslant y \text{ 且 } x \neq y。$$

（2）序拓扑

设 $(X, \leqslant)$ 为全序集，令 $\mathcal{S} = \{\{x \mid x < a\}, \{x \mid x > a\} \mid a \in X\}$。则以 $\mathcal{S}$ 为子基所生成的拓扑 $\mathscr{T}_{\text{order}}$ 称为 X 的序拓扑。

不难看出，由所有形如 $\{x \mid x < a\}$，$\{x \mid x > a\}$，$\{x \mid a < x < b\}$ 的集合构成的集族为序拓扑 $\mathscr{T}_{\text{order}}$ 的一个拓扑基。

9）乘积拓扑

设 $(X_{\alpha}, \mathscr{T}_{\alpha})$ 为一族拓扑空间。现在我们在笛卡尔积 $\prod_{\alpha} X_{\alpha}$ 上定义乘积拓扑。通过将拓扑基 $\mathcal{B}$ 推广到任意多个空间的笛卡尔积 $\prod_{\alpha} X_{\alpha}$ 上，我们可以在 $\prod_{\alpha} X_{\alpha}$ 上定义箱拓扑。现在我们用子基 $\mathcal{S}$ 来构造 $\prod_{\alpha} X_{\alpha}$ 上的乘积拓扑。注意对于 $X \times Y$，如果我们记 $\pi_X : X \times Y \to X$ 为典范投影，那么 $U \times Y = \pi_X^{-1}(U)$。于是，$X \times Y$ 的乘积拓扑就是以所有形如 $\pi_X^{-1}(V)$ 以及 $\pi_Y^{-1}(U)$ 的集合为子基所生成的拓扑。

一般，对于任意多个空间的笛卡尔积，我们记 $\pi_{\beta} : \prod_{\alpha} X_{\alpha} \to X_{\beta}$，$(x_{\beta}) \mapsto x_{\alpha}$ 为向 α 分量的典范投影。

（1）乘积拓扑

设 $(X_{\alpha}, \mathscr{T}_{\alpha})$ 为一族拓扑空间。我们称 $\prod_{\alpha} X_{\alpha}$ 上由子基 $\mathcal{S} = \bigcup_{\beta} \{\pi_{\beta}^{-1}(V_{\beta}) \mid V_{\beta} \in \mathscr{T}_{\beta}\}$ 生成的拓扑 $\mathscr{T}_{\text{product}}$ 为 $\prod_{\alpha} X_{\alpha}$ 的乘积拓扑。

根据定义，显然 $\mathscr{T}_{\text{product}}$ 弱于 $\mathscr{T}_{\text{box}}$。

虽然乘积拓扑看起来不像箱拓扑那么自然，但事实证明乘积拓扑更重要。它具有很多很好的拓扑性质。箱拓扑有很多不好的性质，因而在拓扑学里常常扮演反面角色，被广泛用作反例。当然，对于有限乘积空间，这两种拓扑是一样的。

事实上，用子基生成逐点收敛拓扑的方式，跟上面定义任意多个拓扑空间的乘积拓扑是一致的。首先，作为集合我们有 $\mathcal{M}([0,1],\mathbb{R})(=\mathbb{R}^{[0,1]})=\prod\limits_{x\in[0,1]}\mathbb{R}$，其对应方式是

$f:[0,1]\to\mathbb{R}\leftrightsquigarrow(f(x))_{x\in[0,1]}$。

在这个对应下，子基元素 $\omega(f;x;\varepsilon)$ 恰好对应到乘积空间里的集合 $\pi_x^{-1}((f(x)-\varepsilon,f(x)+\varepsilon))$。由此我们可得逐点收敛拓扑空间 $(\mathcal{M}([0,1],\mathbb{R}),\mathcal{T}_{p.c.})$ 跟乘积拓扑空间 $(\prod_{x\in[0,1]}\mathbb{R},\mathcal{T}_{\text{product}})$ 是同胚的。

在前文中我们证明了从两个拓扑空间的乘积空间到每个分量的典范投影映射是连续的开映射。现将该性质推广到任意多个拓扑空间的乘积上去。

（2）投影映射是连续开映射

设 $(X_\alpha,\mathcal{T}_\alpha)$ 为一族拓扑空间。则无论赋予 $\prod_\alpha X_\alpha$ 乘积拓扑还是箱拓扑，对任意 β，典范投影映射 $\pi_\beta:\prod_\alpha X_\alpha\to X_\beta$ 都是连续的开映射。

证明：因为乘积拓扑弱于箱拓扑，因此只需在 $\mathcal{T}_{\text{product}}$ 下证明 π_β 是连续映射，在 $\mathcal{T}_{\text{box}}$ 下证明 π_β 是开映射。

① 在 $\mathcal{T}_{\text{product}}$ 下，π_β 是连续映射，因为 $(X_\beta,\mathcal{T}_\beta)$ 中的任意开集 V_β 的原像 $\pi_\beta^{-1}(V_\beta)$ 是 $(\prod_\alpha X_\alpha,\mathcal{T}_{\text{product}})$ 中的开集。

② 在 $\mathcal{T}_{\text{box}}$ 下，π_β 是开映射，因为对任意开集 $W\subset\mathcal{T}_{\text{box}}$ 和任意 $x\in W$，存在 $U_\alpha\in\mathcal{T}_\alpha$ 使得 $x\in\prod_\alpha U_\alpha$。因此，$\pi_\beta(x)\in U_\beta\subset\pi_\beta(W)$。

事实上，乘积拓扑可以用投影映射 π_β 来刻画。

（3）乘积拓扑的刻画

乘积拓扑 $\mathcal{T}_{\text{product}}$ 是在 $\prod_\alpha X_\alpha$ 上使所有典范投影映射 π_β 都连续的拓扑中最弱的拓扑。

证明：我们已经看到所有 π_β 关于 $\mathcal{T}_{\text{product}}$ 都是连续的。反之，如果所有 π_β 关于 $\prod_\alpha X_\alpha$ 上的某个拓扑 $\mathcal{T}$ 都连续，那么每个 $\pi_\beta^{-1}(V_\beta)$ 在 $\mathcal{T}$ 中是开集，所以 $\mathcal{T}_{\text{product}}$ 比 $\mathcal{T}$ 弱。

10）乘积拓扑的泛性质

乘积拓扑也可以通过泛性质来刻画。

（1）乘积拓扑的泛性质

设 X，X_α 是拓扑空间，$f_\alpha:X\to X_\alpha$ 是映射。赋予空间 $\prod_\alpha X_\alpha$ 乘积拓扑。则映射 $f:X\to\prod_\alpha X_\alpha,\ x\mapsto(f_\alpha(x))$ 是连续映射当且仅当所有 $f_\alpha=\pi_\alpha\circ f$ 都是连续映射。更进一步，乘积拓扑是 $\prod_\alpha X_\alpha$ 上唯一一个满足这个性质的拓扑。

证明：

($\Rightarrow$) 如果 f 是连续的，则 $f_\beta=\pi_\beta\circ f$ 是连续的。

($\Leftarrow$) 假设 f_α 都是连续的。为了证明 f 是连续的，只需证明 $f^{-1}(\pi_\beta^{-1}(V_\beta))$ 在 X 中都是开集，其中 V_β 是 X_β 中的开集。事实上我们有 $f^{-1}(\pi_\beta^{-1}(V_\beta))=(\pi_\beta\circ f)^{-1}(V_\beta)=f_\beta^{-1}(V_\beta)$。所以由 f_β 的连续性，上述集合在 X 中是开集。

最后，我们证明乘积拓扑可以用泛性质刻画。假设 $\mathcal{T}$ 是 X 上满足泛性质的拓扑。由

$\mathscr{T}$的泛性质和$\pi_\beta : (\prod_\alpha X_\alpha, \mathscr{T}_{\text{product}}) \to X_\beta$的连续性，恒等映射$\text{Id} : (\prod_\alpha X_\alpha, \mathscr{T}_{\text{product}}) \to (\prod_\alpha X_\alpha, \mathscr{T})$是连续的。

而且，由$\mathscr{T}$的泛性质和恒等映射$\text{Id} : (\prod_\alpha X_\alpha, \mathscr{T}) \to (\prod_\alpha X_\alpha, \mathscr{T})$的连续性，我们发现所有投影映射$\pi_\beta : (\prod_\alpha X_\alpha, \mathscr{T}) \to X_\beta$也都是连续的。

再由投影映射$\pi_\beta : (\prod_\alpha X_\alpha, \mathscr{T}) \to X_\beta$的连续性和$\mathscr{T}_{\text{product}}$的泛性质，我们得出恒等映射$\text{Id} : (\prod_\alpha X_\alpha, \mathscr{T}) \to (\prod_\alpha X_\alpha, \mathscr{T}_{\text{product}})$是连续的。所以$\mathscr{T} = \mathscr{T}_{\text{product}}$。

（2）嵌入映射的连续性

固定一个指标α，并对任意$\beta \neq \alpha$，取定$x_\beta \in X_\beta$。设$g_\alpha : X_\alpha \to \prod_\beta X_\beta$为从$X_\alpha$到$\prod_\beta X_\beta$的由这些$x_\beta$所确定的嵌入映射，即满足$\pi_\beta(g_\alpha(x)) = \begin{cases} x_\beta, & \beta \neq \alpha \\ x, & \beta = \alpha \end{cases}$的映射，则$g_\alpha$是连续映射。

箱拓扑不满足泛性质。例如，我们令$X = \mathbb{R}^{\mathbb{N}} = \prod_{n \in \mathbb{N}} \mathbb{R}$，并考虑映射$f : \mathbb{R} \to \mathbb{R}^{\mathbb{N}}$，$t \mapsto (t, t, t, \cdots)$，则$f$的每个分量都是$\mathbb{R}$到自身的恒等映射，从而$f$的每个分量都连续。但是，如果我们赋$\mathbb{R}^{\mathbb{N}}$箱拓扑，那么$f$不是连续的。这是因为笛卡尔积$(-1, 1) \times (-\frac{1}{2}, \frac{1}{2}) \times (-\frac{1}{3}, \frac{1}{3}) \times \cdots$在箱拓扑中是开集，但$f^{-1}\left((-1, 1) \times (-\frac{1}{2}, \frac{1}{2}) \times (-\frac{1}{3}, \frac{1}{3}) \times \cdots\right) = \{0\}$在$\mathbb{R}$中不是开集。

1.4.2　由映射定义的拓扑

1）诱导拓扑

乘积拓扑$\mathscr{T}_{\text{product}}$是$\prod_\alpha X_\alpha$上使所有典范投影$\pi_\beta : \prod_\alpha X_\alpha \to (X_\beta, \mathscr{T}_\beta)$都连续的拓扑中最弱的拓扑。

拓扑空间$(X, \mathscr{T})$的子集A上的子空间拓扑$\mathscr{T}_A$是A上所有使得包含映射$\iota : A \hookrightarrow X$连续的拓扑中最弱的拓扑。

一般，我们可以用使得给定映射都连续的最弱拓扑来在原像空间上构造拓扑。

（1）诱导拓扑

设$(Y_\alpha, \mathscr{T}_\alpha)$是一族拓扑空间，设$\mathcal{F} = \{f_\alpha : X \to (Y_\alpha, \mathscr{T}_\alpha)\}$是一族映射。则$X$上使所有$f_\alpha$都是连续映射的拓扑中最弱的拓扑$\mathscr{T}_\mathcal{F}$称为$X$的$\mathcal{F}$-诱导拓扑（也称始拓扑、弱拓扑或极限拓扑）。

首先，如果我们赋予X最强的拓扑，即离散拓扑，那么任何f_α都是连续的。

如果在X上的一族拓扑$\mathscr{T}_\beta$使得每个f_α关于每个$\mathscr{T}_\beta$都是连续的，那么$\mathscr{T} := \cap_\beta \mathscr{T}_\beta$是一个$X$上的拓扑，而且根据定义，$f_\alpha$关于$\mathscr{T}$是连续的。因此，在$X$上存在唯一一个最弱拓扑使得每个$f_\alpha$都是连续的。

根据定义，$\mathscr{T}_\mathcal{F}$恰好是由子基$\mathcal{S}_\mathcal{F} = \bigcup_\alpha \{f_\alpha^{-1}(V_\alpha) \mid V_\alpha \in \mathscr{T}_\alpha\}$所生成的拓扑。注意，在只有一个目标空间$(Y, \mathscr{T}_Y)$和一个映射$f : X \to (Y, \mathscr{T}_Y)$的特殊情况下，子基

$S_f = \{f^{-1}(V) \mid V \in \mathscr{T}_Y\}$ 本身就是 X 上的一个拓扑。所以此时 $\mathscr{T}_f = \{f^{-1}(V) \mid V \in \mathscr{T}_Y\}$。

（2）诱导拓扑的泛性质

设 $(Y_\alpha, \mathscr{T}_\alpha)$ 是一族拓扑空间，$\mathcal{F} = \{f_\alpha : X \to (Y_\alpha, \mathscr{T}_\alpha)\}$ 为一族映射。赋予 X 由 $\mathcal{F}$ 诱导的拓扑。那么对于任意拓扑空间 Z，映射 $f : Z \to X$ 连续当且仅当所有 $f_\alpha \circ f : Z \to Y_\alpha$ 都是连续的。更进一步，$\mathcal{F}$ 所诱导的拓扑是 X 上唯一满足该性质的拓扑。

2）诱导拓扑的更多例子

子空间拓扑和乘积拓扑都可以解释为诱导拓扑。下面给出更多例子。

①作为诱导拓扑的度量拓扑：对于任意度量空间 (X, d)，度量拓扑是由所有度量球 $\{B(x, r) \mid x \in X, r > 0\}$ 生成的。换言之，度量拓扑是由映射族 $\{d_x \mid x \in X\}$ 生成的诱导拓扑，其中 $d_x : X \to (\mathbb{R}, \mathscr{T}_{\text{usual}})$ 是距离函数 $d_x(y) := d(x, y)$。

②作为诱导拓扑的逐点收敛拓扑：设 $X = \mathcal{M}([0, 1], \mathbb{R})$ 是 $[0, 1]$ 上所有实值函数构成的空间。对任意 $x \in [0, 1]$，令 $ev_x : X \to \mathbb{R}$ 为赋值映射 $ev_x(f) := f(x)$。

注意，这里的赋值映射就是把 $\mathcal{M}([0, 1], \mathbb{R})$ 视作乘积空间时的投影映射。于是我们得到在 X 上由 $\{ev_x \mid x \in [0, 1]\}$ 生成的诱导拓扑是逐点收敛拓扑。

③弱拓扑和弱*拓扑：设 X 是拓扑向量空间，X^* 为其对偶空间，即

$$X^* = X \text{上所有连续线性泛函构成的空间}$$

$$= \{f : X \to \mathbb{K} \mid f \text{线性且（关于} X \text{的原拓扑）连续}\}。$$

然后，我们可以在 X 上定义一个新的拓扑，并在 X^* 上定义一个自然的拓扑：

a. X 上的弱拓扑是 X^* 生成的诱导拓扑，即 X 上使所有 $f \in X^*$ 连续的拓扑中最弱的拓扑。因此，X 上的弱拓扑比 X 上的原始拓扑更弱。

b. X^* 上的弱*拓扑是由 $\{ev_x \mid x \in X\}$ 生成的诱导拓扑，即 X^* 上使所有赋值映射 $ev_x : X^* \to \mathbb{R}, l \mapsto l(x)$ 都连续的拓扑中最弱的拓扑。

弱拓扑和弱*拓扑是泛函分析和偏微分方程中非常重要的拓扑。

3）余诱导拓扑

映射不仅可以用来将拓扑从映射的像空间"拉回"到原像空间，还可以用于将拓扑从映射的原像空间"推出"到像空间。更准确地说，设 $(X_\alpha, \mathscr{T}_\alpha)$ 是一族拓扑空间，Y 是一个集合，$f_\alpha : X_\alpha \to Y$ 是一族映射。我们可以赋予 Y 一个拓扑，使得每个 f_α 都是连续的。当然，为了这个目的，我们不能在 Y 中定义太多的开集。另外，我们也不想使用 Y 中的平凡拓扑，因为它太弱了以至于从任何拓扑空间到 Y 的任何映射都是连续的。所以要在 Y 上找到一个尽可能强的拓扑结构，而且使得每个 f_α 都是连续的。

（1）余诱导拓扑

设 $(X_\alpha, \mathscr{T}_\alpha)$ 是一族拓扑空间，Y 是一个集合，$\mathcal{F} = \{f_\alpha : X_\alpha \to Y\}$ 是一族映射。在 Y 上使得所有 f_α 都连续的拓扑中最强的拓扑 $\mathscr{T}$ 被称为是由 $\mathcal{F}$ 诱导的余诱导拓扑（也称为终拓扑、强拓扑或余极限拓扑）。

我们必须要注意一点，是否存在这种最强的拓扑结构？请注意，在定义由映射族 $\mathcal{F}$

诱导的弱拓扑时，我们使用了这样一个事实，即 X 上的一族拓扑的交集仍然是 X 上的拓扑。通常，X 上的一族拓扑的并集并不是 X 上的拓扑。但是，如果认真思考这个问题，你会发现我们其实处于比弱拓扑更简单的情况：

①在只有一个映射 $f:(X,\mathscr{T}_X) \to Y$ 的情况下，Y 上的余诱导拓扑可以直接给出 $\mathscr{T} = \{V \subset Y \mid f^{-1}(V) \in \mathscr{T}_X\}$。不难验证它是 Y 上的一个拓扑。

②在余诱导拓扑是由一族映射 $\mathcal{F} = \{f_\alpha\}$ 诱导的情况下，我们有一系列约束需要同时满足。为此，我们要做的并不是把 Y 上相应的一族拓扑并起来，而是应该取 Y 上相应的拓扑族的交集，从而我们依然可以显式地给出该拓扑。

（2）余诱导拓扑的显式表达

设 $(X_\alpha, \mathscr{T}_\alpha)$ 是一族拓扑空间，$f_\alpha: X_\alpha \to Y$ 是一族映射。那么由 $\{f_\alpha\}$ 诱导的 Y 上的余诱导拓扑为 $\mathscr{T} = \bigcap\limits_\alpha \{V \subset Y \mid f_\alpha^{-1}(V) \in \mathscr{T}_\alpha\}$。

证明：根据定义容易验证 $\mathscr{T}$ 是 Y 上的一个拓扑，并且每个 f_α 关于这个拓扑是连续的。如果我们再加入任何其他集合 V_0，则根据构造，存在 α 使得 $f_\alpha^{-1}(V_0) \notin \mathscr{T}_\alpha$，所以 f_α 不连续。

与诱导拓扑一样，余诱导拓扑也可以通过泛性质来刻画。

（3）余诱导拓扑的泛性质

设 $(X_\alpha, \mathscr{T}_\alpha)$ 是一族拓扑空间，$\mathcal{F} = \{f_\alpha: X_\alpha \to Y\}$ 是一族映射。赋予 Y 以 $\mathcal{F}$ 诱导的拓扑。那么对于任意拓扑空间 X，映射 $f: Y \to Z$ 连续当且仅当每个 $f \circ f_\alpha: X_\alpha \to Z$ 都是连续的。此外，由 $\mathcal{F}$ 诱导的 Y 上的余诱导拓扑是唯一满足该性质的拓扑。

最后，我们再给出诱导拓扑与余诱导拓扑的几个例子。

①拓扑的交集：设 $\mathscr{T}_\alpha$ 是 X 上的一族拓扑。现在我们有一种不同的方式来考察拓扑 $\mathscr{T} = \bigcap\limits_\alpha \mathscr{T}_\alpha$，其中 $\mathscr{T}_\alpha$ 是 X 上的一族拓扑。设 $\mathrm{Id}_\alpha: (X, \mathscr{T}_\alpha) \to X$ 是恒等映射。则 $\mathscr{T}$ 是 X 上由 $\{\mathrm{Id}_\alpha\}$ 诱导的余诱导拓扑。

②拓扑的并（join）：设 $\mathscr{T}_\alpha$ 是 X 上的一族拓扑。一般而言，$\bigcup\limits_\alpha \mathscr{T}_\alpha$ 不再是 X 上的拓扑。但是，我们可以考虑由恒等映射族 $\{\widetilde{\mathrm{Id}}_\alpha: X \to (X, \mathscr{T}_\alpha)\}$ 在 X 上诱导的拓扑，该拓扑被称为 X 上给定拓扑族的并拓扑。由定义可知，它就是 $\bigcup\limits_\alpha \mathscr{T}_\alpha$ 生成的最弱拓扑。

③拓扑并：设 $(X_\alpha, \mathscr{T}_\alpha)$ 是一族拓扑空间且交集 $X_\alpha \cap X_\beta$ 上由 X_α 所确定的子空间拓扑与由 X_β 所确定的子空间拓扑是一致的，那么我们可以在并集 $X = \cup X_\alpha$ 上定义拓扑 $\mathscr{T}$ 为使所有 $\iota_\alpha: X_\alpha \hookrightarrow X$ 都连续的拓扑中最强的拓扑。换言之，$\mathscr{T}$ 是包含映射族 $\{\iota_\alpha\}$ 诱导的余诱导拓扑。拓扑空间 $(X, \mathscr{T})$ 称为 $(X_\alpha, \mathscr{T}_\alpha)$ 的拓扑并。

1.4.3　商拓扑

1）商拓扑

余诱导拓扑的最重要的例子是所谓的商拓扑。因为它非常具体且可以看见，因此在几何和代数拓扑中被广泛使用。

（1）商拓扑

设 $(X, \mathscr{T}_X)$ 是拓扑空间，Y 是集合，$p: X \to Y$ 是满射。

①我们称 Y 上由 p 诱导的余诱导拓扑 $\mathscr{T}_Y$ 为 Y 上的商拓扑，称 $(Y, \mathscr{T}_Y)$ 为 $(X, \mathscr{T}_X)$ 的商空间，称 $p: (X, \mathscr{T}_X) \to (Y, \mathscr{T}_Y)$ 为商映射。

②给定商映射 p，我们称 $p^{-1}(y)$ 为 p 在点 $y \in Y$ 上的纤维。

根据定义，在商拓扑 $\mathscr{T}_Y$ 中，集合 $V \subset Y$ 是开集当且仅当 $p^{-1}(V)$ 在 $(X, \mathscr{T}_X)$ 中是开集。由此易见，两个商映射的复合也是一个商映射。

（2）商拓扑的泛性质

设 X, Y, Z 为拓扑空间，$p: X \to Y$ 为商映射，$f: Y \to Z$ 为映射。那么 f 是连续的当且仅当 $g = f \circ p$ 是连续的。此外，Y 上的商拓扑是唯一满足该性质的拓扑。

作为推论，我们得到如果 $p: X \to Y$ 是一个商映射，而 $f: X \to Z$ 是一个连续映射，且 f 在每个纤维上都是常值的，那么自然诱导映射 $\bar{f}: Y \to Z, \bar{f}(y) := f(p^{-1}(y))$ 是连续的。

2）作为等价类的商空间

下面是构建商映射/商拓扑的典型方法：从拓扑空间 $(X, \mathscr{T}_X)$ 开始，先在 X 上选定一个等价关系，这意味着：

① $x \sim x$。

② $x \sim y \Longrightarrow y \sim x$。

③ $x \sim y, y \sim z \Longrightarrow x \sim z$。

然后我们得到一个由所有等价类构成的抽象空间 $Y = X / \sim$ 和一个自然的投影映射 $p: X \to X / \sim, x \mapsto [x]$，从而可以在等价类集合 Y 上构造商拓扑。在这种情况下，每个纤维恰是一个等价类。注意，"用满映射定义商空间"的描述和"用等价关系定义商空间"的描述是等价的。给定等价关系的描述，我们有一个如上所示的投影映射作为我们的商映射，反之，给定任何商映射 $f: X \to Y$，我们可以通过 $x \sim y \Longleftrightarrow f(x) = f(y)$ 来定义 X 上的一个等价关系，其等价类集合恰为 Y。

例如：

①作为商空间的圆：我们可以用两种不同的方式视圆 S^1 为商空间：

a. $S^1 \simeq [0, 1]/\{0, 1\}$：在集合 $[0, 1]$ 上定义一个等价关系，其中唯一的非平凡等价为 $0 \sim 1$，则所得的商空间为圆 S^1。

b. $S^1 \simeq \mathbb{R}/\mathbb{Z}$：在 $\mathbb{R}$ 上考虑等价关系 $x \sim y \Longleftrightarrow x - y \in \mathbb{Z}$，所得的商空间也是圆 S^1。不难证明，上面这两种方式得到的商空间，跟平面中的单位圆是同胚的。

②与原拓扑相差悬殊的商拓扑：我们可以把上面例子中的 $\mathbb{Z}$ 换成 $\mathbb{Q}$，在 $\mathbb{R}$ 上定义一个等价关系，如 $x \sim y \Longleftrightarrow x - y \in \mathbb{Q}$。为了找到 $X = \mathbb{R} / \sim$ 上的商拓扑，我们设 $U \subset X$ 是开集，则 $p^{-1}(U)$ 在 $\mathbb{R}$ 中也是开集。因此，U 包含某个开区间 (a, b)。由等价关系的定义，任意实数 $x \in \mathbb{R}$ 都等价于 (a, b) 中的某个数，所以 $p^{-1}(U) = \mathbb{R}$。所以 X 上的商拓扑是平凡拓扑。

3）实射影空间

实射影空间是商空间的一个重要例子，我们给出如下两种描述。

①在 $X = \mathbb{R}^{n+1} - \{0\}$ 上我们可以定义等价关系：$x \sim y \Longleftrightarrow \exists 0 \neq \lambda \in \mathbb{R}$ 使得 $x = \lambda y$。赋以商拓扑的商空间 $\mathbb{RP}^n = \mathbb{R}^{n+1} - \{0\}/\sim$ 称为实射影空间。由此我们得到实射影空间的一种几何解释：$\mathbb{RP}^n = \mathbb{R}^{n+1}$ 中所有经过原点 O 的直线构成的空间。

②我们也可以从单位球 $S^n \subset \mathbb{R}^{n+1}$ 出发，定义等价关系 $x \sim y \Leftrightarrow x = \pm y$。由于 $\mathbb{R}^{n+1}$ 中通过原点 O 的直线与 S^n 正好在两个对径点相交，因此最终得到的商空间是相同的。

注意，当 $n = 1$ 时，$\mathbb{RP}^1$ 实际上同胚于 S^1，因为根据第二种描述方式，我们可以从一个半圆开始，然后将两个端点等同起来。然而，即使 $n = 2$ 时的实射影平面，其几何图像也是非常复杂的。我们可以从一个半球开始构造，如图1–3所示。

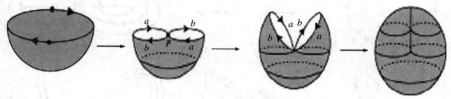

图1–3　$\mathbb{RP}^2$ 的"图像"

可以看出，图中有"自相交"。但是，$\mathbb{RP}^2$ 的真实"图像"中不应该存在自相交。事实上，我们不能将 $\mathbb{RP}^2$ 嵌入 $\mathbb{R}^3$ 中，只能将它嵌入 $\mathbb{R}^4$ 中。此外，跟 Möbius 带一样，当 n 为偶数时 $\mathbb{RP}^n$ 都是不可定向的。

类似地，可以构造 $\mathbb{C}^{n+1}$ 中复直线所构成的空间，即复数射影空间 $\mathbb{CP}^n$：$\mathbb{CP}^n = \mathbb{C}^{n+1} - \{0\}/\sim$，其中 $x \sim y \Longleftrightarrow \exists 0 \neq \lambda \in \mathbb{C}$ 使得 $x = \lambda y$。

更一般地，可以在向量空间 V 的所有 k 维子空间构成的空间上定义合适的拓扑，得到所谓的格拉斯曼流形 $Gr(k, V)$。注意，$\mathbb{RP}^n$ 只是一个特殊的格拉斯曼流形：$\mathbb{RP}^n = Gr(1, \mathbb{R}^{n+1})$。

4）构造：在同一空间中将一个点与另一个点黏合

下面我们介绍从已知空间出发，构造商空间具体的几何方法——黏合。

设 X 是一个拓扑空间，黏合 X 中的点 a 和 b 是指考虑从仅包含一个非平凡等价 $a \sim b$ 的等价关系获得的商空间。类似地，我们可以通过将子集 A 中的每一点等同于 B 中的某一点来将子集 A 黏合到 X 中的子集 B。

这广泛用于拓扑地从平面多边形构造曲面，我们只需使用规定的方式黏合边界线段，如图1–4~图1–6所示。

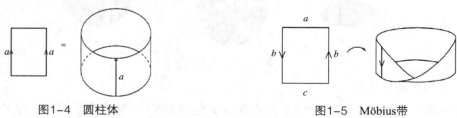

图1–4　圆柱体 　　　　　　　　　　　　图1–5　Möbius带

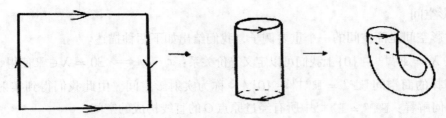

图1-6　Klein瓶

事实上，任何（紧的）曲面都可以通过从一个合适的多边形开始并以合适的方式黏合其边界来构造，如图1-7所示。

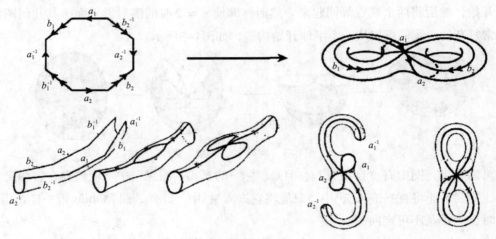

图1-7　2-环面

今后，我们将用这样的多边形表示来证明紧致曲面的分类定理。

5）构造：附加空间（黏着空间）

我们可以按照给定的映射将一个空间黏着到另一个空间。

设 X, Y 是拓扑空间，$A \subset Y$ 是子空间，$f: A \to X$ 是连续映射。

那么黏着空间 $X \cup_f Y$ 是取 X 的 Y 无交并，然后将 $a \in A$ 和 $f(a) \in X$ 等同起来，即 $X \cup_f Y = X \sqcup Y / \{a \sim f(a)\}$。

例如，我们可以将两个单位圆盘在边界圆上黏合起来，得到一个球面，如图1-8所示。

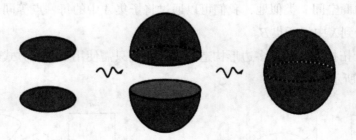

图1-8　从圆盘到球面

但有两种特殊情况：

①楔和：给定两个拓扑空间 X 和 Y，X 和 Y 的楔和 $X \vee Y$ 是将 X 中的一点和 Y 中的一点

黏合起来构成的 $X \vee Y = X \sqcup Y/\{x_0 \sim y_0\}$。

更一般地，给定一族空间 X_α，并选定点 $x_\alpha \in X_\alpha$，我们可以通过将所有 X_α 在点 x_α 处黏合在一起来构造楔和 $\bigvee_\alpha X_\alpha$，如图1-9、图1-10所示。

图1-9　$S^1 \vee S^1$

图1-10　$S^1 \vee S^1 \vee S^1 \vee S^1 \vee S^1$

讨论楔和时，我们实际上是在研究带基点的空间 (X, x_0)，即选择了一个点 x_0 的空间。(X, y_0) 和 (Y, y_0) 的楔和也是一个带基点的空间 $(X \vee Y, \{x_0\})$。这样，在研究多个空间的楔和时，我们总是将基点黏合到一个点上。

②连通和：给定两个局部欧几里得的几何对象 A 和 B （"流形"），连通和 $A\#B$ 构造如下：从每个对象中去掉一个小球（或圆盘），然后黏合边界球面（或圆），使它们连通在一起，如图1-11所示。

换言之，$A\#B = (A - D_1) \cup_f (B - D_2)$，其中 D_1, D_2 分别是 A, B 上的小圆盘，f 是黏合映射，将 ∂D_1 和 ∂D_2 如图1-11所示等同起来。

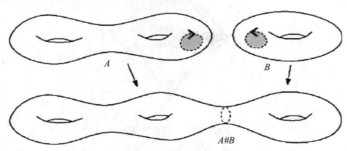

图1-11　连通和 $A\#B$

6）构造：将一个子集收缩到一点

接下来我们考虑收缩。

设 X 是一个拓扑空间，$Y \subset X$。我们可以定义 X 上的等价关系 $y_1 \sim y_2$ 当且仅当 $y_1, y_2 \in Y$。换言之，在商空间中，我们将 Y 中的所有点收缩到一个点。为简单起见，我们将商空间记为 X / Y。

例如，我们考虑 $\mathbb{R}^2$ 中的单位盘 D。我们可以把它的边界圆收缩成一个点。我们得到了什么？一个球体 S^2！类似地，我们可以在 $\mathbb{R}^n$ 中收缩单位球 $B(0, 1)$ 的边界球 S^{n-1}，得到 S^n，如图1-12所示。

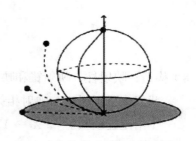

图1-12　收缩边界圆来得到球面

或者，我们固定 $x_0 \in X$ 和 $y_0 \in Y$。通过将 X 等同于 $X \times \{y_0\}$，并将 Y 等同于 $\{x_0\} \times Y$，我们可以将楔和 $X \vee Y$ 视为 $X \times Y$ 的子空间。在乘积空间 $X \times Y$

中将楔和 $X \vee Y$ 收缩成一个点，所得的空间被称为 X 和 Y 的 smash 积，记为 $X \wedge Y$ ：
$X \wedge Y = X \times Y / X \vee Y$。

7）构造：锥空间和纬垂

给定任意拓扑空间 X，可以构造 X 的锥空间和纬垂，两者都是柱体 $X \times [0, 1]$ 的商空间。

① X 的锥空间，记为 $C(X)$，是将 $X \times [0, 1]$ 中的子集 $X \times \{0\}$ 收缩为一个点构成的，即 $C(X) = X \times [0, 1] / X \times \{0\}$，如图1-13所示。

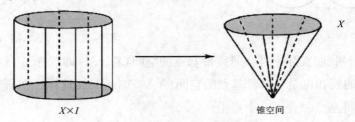

图1-13　锥空间 $C(X)$

② X 的纬垂，记为 $S(X)$，是将 $X \times \{0\}$ 收缩为一点，同时将 $X \times \{1\}$ 收缩为另一点构成的，如图1-14所示。

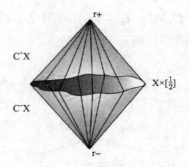

图1-14　纬垂 $S(X)$

③给定拓扑空间 X 和 Y，X 和 Y 的统联（join）有时记为 $X \star Y$，定义为 $X \star Y = X \times Y \times I / \sim$（图1-15），其中等价关系 $\sim$ 为 $(x, y_1, 0) \sim (x, y_2, 0), (x_1, y, 1) \sim (x_2, y, 1)$，$\forall x, x_1, x_2 \in X; y, y_1, y_2 \in Y$。

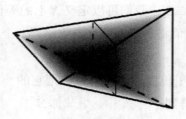

图1-15　统联 $X \star Y$

8）构造：映射柱、映射锥和映射环面

我们也可以研究与映射相关的空间，这些空间在代数拓扑中是常见的。

①给定连续映射 $f: X \to Y$，f 的映射柱（图1-16），是指 $M_f = (X \times [0, 1]) \sqcup_{\tilde{f}} Y$，是 $X \times [0, 1]$ 和 Y 按映射 $\tilde{f}: X \times \{0\} \to Y, f(x, 0) := f(x)$ 黏合得到的空间。

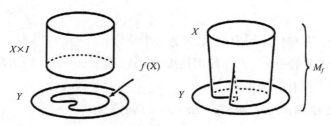

图1-16 映射柱

②给定连续映射 $f : X \to Y$, f 的映射锥（图1-17），记为 C_f, 是指商空间 $C_f = (X \times [0,1]) \sqcup_{\tilde{f}} Y / \sim$，即映射锥 M_f 在等价关系下 $(x_1, 1) \sim (x_2, 1), (x, 0) \sim f(x)$, $\forall x, x_1, x_2 \in X$ 的商空间。

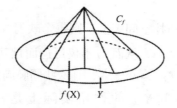

图1-17 映射锥

③给定同胚 $f : X \to X$, f 的映射环面是指 $T_f := X \times [0,1]/(1, x) \sim (0, f(x))$。曲面同胚的映射环面在三维流形理论中起着关键作用，并得到了深入的研究。

1.4.4 群作用的商

1）同胚群

我们知道，对称性在数学的所有分支中都起着至关重要的作用，而描述对称的数学语言是群。在拓扑学里，任给一个拓扑空间，我们都可以得到一个描述该空间自身拓扑对称性的群。

设 X 是拓扑空间，令 $\mathrm{Hom}(X) = \{f : X \to X \mid f$ 是同胚$\}$。那么在通常的映射复合运算下，$\mathrm{Hom}(X)$ 是一个群。

证明：很容易验证 $\mathrm{Hom}(X)$ 中"映射复合"运算是群运算。

给定 X 的两个同胚 f 和 g, 复合映射 $g \circ f$ 也是 X 的同胚，并且根据定义，结合性也是成立的，恒等映射 Id 是群中的单位元，同胚映射 f 的逆映射 f^{-1} 依然是同胚，并且是映射复合运算下元素 f 的逆。

我们给这个描述拓扑空间自身拓扑对称性的群一个名字——同胚群。

同胚群

我们称 $\mathrm{Hom}(X)$ 为拓扑空间 X 的同胚群。

注意，对于任意元素 $f \in \mathrm{Hom}(X)$，我们说 f 作用在空间 X 上是指将元素 $x \in X$ 映射到像 $f(x) \in X$。

2）群作用

设 G 为一个群，其单位元记为 e。设 X 为一个集合。

①群 G 在集合 X 上的一个（左）作用是指映射 $\alpha : G \times X \to X$，$(g, x) \mapsto g \cdot x$，使得

a.对任意 $x \in X$，都有 $e \cdot x = x$。

b.对任意 $g, h \in G$ 和 $x \in X$，都有 $g \cdot (h \cdot x) = (gh) \cdot x$。

②若 X 是拓扑空间，且群 G 在 X 上的（左）作用跟拓扑结构相容，即对任意 $g \in G$，映射 $\tau_g : X \to X$，$x \mapsto \tau_g(x) := g \cdot x$ 是连续映射，则称该作用为群 G 在拓扑空间 X 上的（左）作用。

③若 X 是拓扑空间，G 是拓扑群，且群 G 在 X 上的作用映射 α 是连续映射，则我们称该群作用是一个连续作用。

根据定义，若群 G 作用在拓扑空间 X 上，则每个映射 τ_g 都是一个 X 到自身的同胚。因为根据定义，我们有 $(\tau_g)^{-1} = \tau_{g^{-1}}$，从而 τ_g 不仅可逆而且其逆映射也是连续的。于是，群 G 的每个元素 g 都关联一个同胚 $\tau_g : X \to X$，且这些同胚满足 $\tau_g \circ \tau_h = \tau_{gh}$，$\forall g, h \in G$。

换言之，群 G 在拓扑空间 X 上的作用实际上是一个群同态 $\tau : G \to \mathrm{Hom}(X) = \{f : X \to X \mid f \text{是同胚}\}$。

请注意，我们将（总是）假设 τ 是单射，若 G 不是单射，我们可以将 G 替换为商群 $G/\ker(\tau)$，它在 X 上的作用是显然的。这样的群作用称为忠实作用。

3）轨道和轨道空间

（1）轨道

给定 G 在集合 X 上的群作用，对于任意 $x \in X$，我们称集合 $G \cdot x := \{g \cdot x \mid g \in G.\}$ 为 x 在该群作用下的轨道。

我们可以在 X 上定义一个等价关系 ~ 如下：

$$x_1 \sim x_2 \iff \exists g \in G \text{ 使得 } x_1 = g \cdot x_2$$

换言之，X 中的两个元素等价当且仅当它们落在同一轨道上。

（2）轨道空间

给定拓扑空间 X 上的群作用 G，我们称按照以上等价关系所得的商空间 $X / G = X / \sim$ 为该群作用的轨道空间。

所以根据定义，轨道空间是由轨道构成的空间，并赋以商拓扑。

4）例子

我们列出几个简单的轨道空间的例子。

① $G = \mathbb{Z}$ 在 $X = \mathbb{R}$ 上的群作用 $\tau(n)(x) = n + x$。（平移）$\rightsquigarrow \mathbb{R}/\mathbb{Z} \simeq S^1$。

② $G = \mathbb{Z}_n$ 在 $X = S^1 \subset \mathbb{C}$ 上的群作用 $\tau(k)(z) = e^{2\pi ik/n} z$。（旋转）$\rightsquigarrow S^1/\mathbb{Z}_n \simeq S^1$。

③ $G = \mathbb{Z}_2$ 在 $\widetilde{X} = S^n$ 上的群作用 $\tau(1)(x) = x$ 以及 $\tau(-1)(x) = -x$。（对径点）$\rightsquigarrow S^n/\mathbb{Z}_2 \simeq \mathbb{RP}^n$。

④ $G = \mathbb{Z}^n$ 在 $X = \mathbb{R}^n$ 上的群作用 $\tau(m_1, \cdots, m_n)(x_1, \cdots, x_n) = (x_1 + m_1, \cdots, x_n + m_n)$

$\rightsquigarrow \mathbb{R}^n/\mathbb{Z}^n \simeq \mathbb{T}^n \simeq S^1 \times \cdots \times S^1$。

⑤设 p, q 是互素的。我们定义 $G = \mathbb{Z}_p = \{1, e^{2\pi i/p}, \cdots, e^{2\pi i(p-1)/p}\}$ 在 $X = S^3 \subset \mathbb{C}^2$ 上的群作用 $\tau(e^{2\pi ik/p})(z_1, z_2) = (e^{2\pi ik/p}z_1, e^{2\pi ikq/p}z_2)$。$\rightsquigarrow$ $L(p; q) := S^3/\mathbb{Z}_p$ 称为透镜空间。

接下来，我们举两个具有轨道空间具有较坏拓扑的例子。

①考虑 $\mathbb{R}_{>0}$（作为乘法群）在 $\mathbb{R}$ 上的乘法作用，即 $a \cdot x := ax$。那么存在 3 个轨道 $\mathbb{R}_{>0}$、$\{0\}$、$\mathbb{R}_{<0}$。因此，轨道空间由 $\{+, 0, -\}$ 3 个元素组成，轨道空间上的拓扑为 $\{\emptyset, \{+\}, \{-\}, \{+, -\}, \{+, 0, -\}\}$。

②任给正实数 r，考虑实数加法群 $\mathbb{R}$ 在 $S^1 \times S^1$ 上的群作用 $t \cdot (e^{i\theta_1}, e^{i\theta_2}) := (e^{i(\theta_1+t)}, e^{i(\theta_2+rt)})$。那么

a. 若 $r = p/q$，其中 p, q 互素，则此时 $\mathbb{R}$ 作用不是忠实作用且它诱导了一个 $\mathbb{R}/\{2kq\pi\} = S^1$ 作用，其每条轨道都是一个绕环面很多圈的圆，而轨道空间同胚于 S^1。

b. 若 r 是无理数，则每条轨道都是环面 $S^1 \times S^1$ 上的一条稠密曲线，而且，其轨道空间的拓扑是平凡拓扑。

5）阅读材料：Hopf 纤维化

我们考虑群 $S^1 = \{z \in \mathbb{C} \mid |z| = 1\}$ 在三维球面 $S^3 = \{(z_1, z_2) \in \mathbb{C}^2 \mid |z_1|^2 + |z_2|^2 = 1\}$ 上的群作用 $z \cdot (z_1, z_2) := (zz_1, zz_2)$ (1.4.6)。

可以验证这是一个连续群作用，且每条轨道 $S^1 \cdot (z_1, z_2)$ 都是 S^3 里面的一个大圆。我们有轨道空间 S^3/S^1 同胚于 S^2。

证明：我们令 $X = \{(z_1, z_2) \in S^3 \mid |z_1| \leqslant |z_2|\}$，$Y = \{(z_1, z_2) \in S^3 \mid |z_1| \geqslant |z_2|\}$。

注意，X 在 S^1–作用下不变，即若一个点落在 X 里面，则整条轨道都落在 X 里面。同理 Y 和 $X \cap Y$ 也是在 S^1– 作用下不变的。所以 S^3/S^1 可以通过将 X/S^1 和 Y/S^1 沿着 "边界" $X \cap Y/S^1$ 黏合构造得到。

①根据定义，$X \cap Y = \{(z_1, z_2) \in S^3 \mid |z_1| = |z_2|\}$ 是一个环面，于是 $X \cap Y/S^1$ 是该环面在 S^1 作用 (1.4.6) 下的商空间，从而商空间是一个圆 S^1。

②现在考虑 X/S^1。我们可以定义映射 $f : D^2 \to X, z \mapsto \frac{1}{\sqrt{2}}(z, 1)$ 并证明 f 是一个同胚，它将 D^2 的边界圆映射到边界圆 $X \cap Y/S^1$。

③类似地，Y/S^1 同胚于一个圆盘，其边界映射到 $X \cap Y/S^1$。

因此，商 S^3/S^1 同胚于两个单位圆盘沿边界圆黏合得到的空间，即球面 S^2！商映射 $p : S^3 \to S^2$ 被称为 Hopf 纤维化，它的每个纤维都是 S^3 里面的大圆。

1.5　拓扑空间中的点与集合

1.5.1　闭集与极限点

1）开集与闭集

设 $(X, \mathscr{T})$ 为拓扑空间。则 X 中的开集恰好是集族 $\mathscr{T}$ 里的那些集合，而 X 中的闭集则是

其补集 $F^c = X \setminus F$ 是开集的那些集合 F。子集 $A \subset X$ 可以是开集，也可以是闭集，或两者都不是，或两者都是。我们称既是开集又是闭集的那些子集为闭开集(clopen)。

例如：

①在任意拓扑空间中，$\emptyset$ 和 X 总是闭开集。

②对于离散拓扑 $\mathscr{T}_{discrete}$，所有子集都是闭开集。

③在实直线 $\mathbb{R}$（赋以通常的拓扑）中，

a.任意单点集 $\{x\}$ 是闭集。

b.任意开区间 (a, b) 是开集，任意闭区间 $[a, b]$ 是闭集。

c. Cantor 集（图1-18）$C = [0, 1] \setminus \bigcup_{n=1}^{\infty} \left(\bigcup_{k=0}^{3^{n-1}-1} \frac{3k+1}{3^n}, \frac{3k+2}{3^n} \right)$ 是一个开集的补集，因此是闭集。

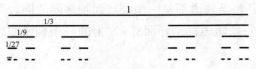

图1-18　Cantor集

注意：

a.在 $\mathbb{R}$ 中，任意开集都是开区间的可数并。因为 $\mathbb{R}$ 有 $\aleph_1$ 个开区间，所以在 $\mathbb{R}$ 中有 $\aleph_1^{\aleph_0} = \aleph_1$ 个开集。

b.闭集的结构可能要复杂得多，例如，康托集不能写成闭区间的可数并集。但是，由于开集和闭集是一一对应的，所以在 $\mathbb{R}$ 中也存在 $\aleph_1 = 2^{\aleph_0}$ 个闭集。

c.由于 $\mathbb{R}$ 有 $2^{\aleph_1} = \aleph_2$ 子集，我们得出结论：$\mathbb{R}$ 中几乎所有的子集既不开也不闭。

④视 $\mathbb{Q}$ 为 $\mathbb{R}$ 的子空间，赋予 $\mathbb{Q}$ 子空间拓扑. 在 $\mathbb{Q}$ 中考虑形如 $(a, b) \cap Q$, $(a < b)$ 的集合，那么对于 $a \in \mathbb{Q}$，集合 $(-\infty, a] \cap \mathbb{Q}$ 在 $\mathbb{Q}$ 中不是开集，而对于 $a \in \mathbb{Q}^c$，集合 $(-\infty, a] \cap \mathbb{Q}$ 在 $\mathbb{Q}$ 中是开集。因此，我们有

a.如果 $a \in \mathbb{Q}$ 或 $b \in \mathbb{Q}$，则 $(a, b) \cap \mathbb{Q}$ 在 $\mathbb{Q}$ 中是开集但不是闭集。

b.如果 $a, b \in \mathbb{Q}^c$，则 $(a, b) \cap \mathbb{Q}$ 在 $\mathbb{Q}$ 中是闭开集。

2）闭集的刻画：一个反例

乍一看，$(\sqrt{2}, \pi) \cap \mathbb{Q}$ 这样的子集在 $\mathbb{Q}$ 中是闭集可能看起来很奇怪。然而，根据我们在欧氏拓扑中的经验，一个集合是闭集当且仅当它里面的任何收敛序列都收敛到该集合中的一个点。事实上该准则对于 $\mathbb{Q}$ 中的闭集 $(\sqrt{2}, \pi) \cap \mathbb{Q}$ 仍然成立。如果 $r_n \in (\sqrt{2}, \pi) \cap \mathbb{Q}$ 且 $r_n \to r_0 \in \mathbb{Q}$，我们有 $r_0 \in [\sqrt{2}, \pi] \cap \mathbb{Q}$ 因此 $r_0 \in (\sqrt{2}, \pi) \cap \mathbb{Q}$。

不过我们从欧氏拓扑中得到的经验对于一般拓扑空间是否依然成立呢？

设 A 是拓扑空间 $(X, \mathscr{T})$ 中的子集，x 为 X 中的一个点。如果存在序列 $a_n \in A$ 使得 $a_n \to x$,则我们称点 x 为 A 的一个序列极限点。

但是，在一般的拓扑空间中，一个集合是闭集当且仅当它包含其所有序列极限点这一论断是否依然成立？

例如，考虑赋有逐点收敛拓扑的空间 $X = \mathcal{M}([0,1], \mathbb{R})$。令 $A = \{f : [0,1] \to \mathbb{R} \mid$ 仅对可数多的 $x \in [0,1]$ 有 $f(x) \neq 0\}$。那么如果 $f_n \in A$ 且 f_n 逐点收敛于 f_0，则一定有 $f_0 \in A$，因为 $\{x \mid f_0(x) \neq 0\} \subset \bigcup_{n=1}^{\infty} \{x \mid f_n(x) \neq 0\}$ 是可数集。

但是，A 不是 X 中的闭集，即 $A^c = X \setminus A$ 不是开集。我们任取 $g \in A^c$，令 U 是 g 的任意开邻域。根据定义，$\exists x_1, \cdots, x_n, \varepsilon > 0$，使得 $\omega(g; x_1, \cdots, x_n; \varepsilon) \subset U$。现在我们定义

$$\tilde{g}(x) = \begin{cases} g(x), & x \in \{x_1, \cdots, x_n\} \\ 0, & x \notin \{x_1, \cdots, x_n\} \end{cases}$$

则 $\tilde{g} \in A \cap \omega(g; x_1, \cdots, x_n; \varepsilon) \subset A \cap U$。换言之，$g \in A^c$ 的任意开邻域 U 都包含 A 中的一个元素，所以 A^c 不是开集，即 A 不是闭集。

因此，在拓扑空间中，不能通过证明"如果 $x_n \in A$ 且 $x_n \to x_0$，则 $x_0 \in A$"来断言集合 A 是闭集。

3）度量空间中的闭集的刻画

所以在欧氏空间中我们有一个很好的判据来判断一个集合是否是闭集，但是在一般拓扑空间中该判据失效了。那么，在中间地带，即度量空间中，会发生什么？

幸运的是，在度量空间中，这个闭性的良好判据是成立的。

度量空间中闭集的刻画

度量空间 (X, d) 中的子集 F 是闭集当且仅当 F 包含其所有序列极限点，即 F 满足若 $x_n \in F$ 且 $x_n \to x_0 \in X$，则 $x_0 \in F$。

证明：假设 F 是 (X, d) 中的一个闭集。设 (x_n) 为 F 中的收敛序列，$x_n \to x_0 \in X$。我们用反证法来证明 $x_0 \in F$。假设 $x_0 \notin F$，即 $x_0 \in F^c$。由于 F^c 是开集，所以存在 ε_0 使得 $B(x_0, \varepsilon_0) \subset F^c$。根据收敛的定义，存在 k 使得对于所有 $n > k$ 都有 $d(x_n, x_0) < \varepsilon_0$。这意味着当 $n > k$ 时有 $x_n \in F^c$，跟我们的选取，即 (x_n) 为 F 中的收敛序列矛盾。

反之，假设 F 包含其所有序列极限点，即只要 $x_0 \in F$ 且 $x_n \to x_0 \in X$，就有 $x_0 \in F$。为证明 F 是闭集，我们再次用反证法。假设 F 不是闭集，即 F^c 不是开集，则存在 $x_0 \in F^c$ 使得对任意 n，开球 $B(x_0, 1/n)$ 不包含于 F^c。于是存在 $x_n \in B(x_0, 1/n)$ 使得 $x_n \notin F^c$，即 $x_n \in F$。对于这样选出的 x_n，我们有 $x_n \to x_0$。所以 $x_0 \in F$，矛盾。

我们已经看到 $X = \mathcal{M}([0,1], \mathbb{R})$ 中的逐点收敛正是关于逐点收敛拓扑 $\mathcal{T}_{p.c.}$ 的拓扑收敛。现在，我们得出结论：在 $X = \mathcal{M}([0,1], \mathbb{R})$ 上不存在度量结构使得逐点收敛是度量收敛。

这从侧面说明了引入拓扑结构的必要性。仅研究度量结构是不够的。

4）拓扑空间中的闭集

那么在拓扑空间中会发生什么？我们应该分析度量空间中闭集的刻画命题的证明，看看什么仍然正确，什么不再正确。在将度量拓扑中的证明推广到更一般的拓扑空间方面，我们已有丰富的经验，只需用开邻域替换度量下的开球。事实证明，这对于度量空间中闭

集的刻画命题证明的前半部分依然有效。

闭集总包含其序列极限点

设 F 是拓扑空间 X 中的闭子集。如果 $x_n \in F$ 且 $x_n \to x_0 \in X$，则极限 $x_0 \in F$。

证明：我们用反证法来证明 $x_0 \in F$。设 $x_0 \notin F$，即 $x_0 \in F^c$。由于 F^c 是开集，可以找到 x_0 的开邻域 U，使得 $U \subset F^c$。根据收敛的定义，存在 k 使得对所有 $n > N$ 都有 $x_n \in U$，即对于所有 $n > k$ 有 $x_n \in F^c$，跟命题的条件 $x_n \in F$ 矛盾。

对于度量空间中闭集的刻画命题的另一半，我们试试重复相应的证明并像上面一样用开邻域替换开球。

错误证明：假设 F 包含其所有序列极限点，即只要 $x_n \in F$ 且 $x_n \to x_0 \in X$，就有 $x_0 \in F$。为证明 F 是闭集我们再次用反证法。假设 F 不是闭集，即 F^c 不是开集，则存在 $x_0 \in F^c$ 使得对于 x_0 的任意开邻域 U，都有 $U \not\subset F^c$，即 $U \cap F \neq \emptyset$。我们取 x_0 的一列越来越小的开邻域 U_n，则存在点列 $x_n \in U_n$ 使得 $x_n \notin F^c$，即 $x_n \in F$。由于我们选取的开邻域 U_n 越来越小，我们得出结论 $x_n \to x_0$，从而 $x_0 \in F$，这与我们选取的 $x_0 \in F^c$ 矛盾。

以上证明过程看起来是合理的，但却是错的。因为在拓扑学这样严谨的学科中，不允许使用越来越小的开邻域之类模棱两可的词。

5）补救措施：可数邻域基

当然，找出错误证明中的谬误之处并不是我们的目标。如果我们进一步思考，就会发现情况没有那么坏。只要我们能给越来越小的 x 的开邻域一个精确的定义，上述错误的证明对于相应的拓扑空间其实还是成立的。这里的关键是：首先，我们需要的是一列（可数个）开邻域，不能太多；其次，这列邻域要能够做到要多小就可以有多小，即可以比任何一个给定的邻域小。

（1）第一可数性公理

设 $(X, \mathscr{T})$ 为拓扑空间。如果对于任意 $x \in X$，都存在 x 的可数个开邻域 $\{U_n^x \mid n \in \mathbb{N}\}$，使得 x 的每个邻域 U^x 都包含某个 U_n^x，则我们称 X 满足第一可数性公理，或者说它是第一可数的，简称为(A1)-空间。

上述定义中的集族 $\{U_n^x \mid n \in \mathbb{N}\}$ 构成在 x 处的一个邻域基。因为它是一个可数族，所以我们称它为 x 处的一个可数邻域基。简而言之，第一可数空间是在每个点处都有可数邻域基的拓扑空间。

显然，任意度量空间是第一可数的，因为对于任何 x，$\{B(x, 1/n) \mid n \in \mathbb{N}\}$ 是 x 处的一个可数邻域基。

（2）第一可数空间中闭集的刻画

在第一可数空间 $(X, \mathscr{T})$ 中，子集 F 是闭合的当且仅当对于任意序列 $\{x_n\} \subset F$ 满足 $x_n \to x_0 \in X$，都有 $x_0 \in F$。

因此，$(\mathscr{M}([0,1], \mathbb{R}), \mathscr{T}_{p.c.})$ 不是第一可数的（该结论对不可数个非平凡空间的乘积拓扑均成立）。

6）极限点

（1）极限点

设 X 为拓扑空间，$A \subset X$ 为子集。如果对于 x 的任意邻域 U 都有 $U \cap (A \setminus \{x\}) \neq \emptyset$，则我们称 $x \in X$ 是 A 的极限点（或聚点）。我们把 A 的所有极限点的集合称为 A 的导集，并记为 A'，即 $A' = \{x \mid x$ 是 A 的一个极限点$\}$。

注意，在极限点的定义中，我们要求集合 $U \cap A$ 至少包含一个不是 x 本身的点。

至此我们已经有了序列收敛、序列连续、序列极限点等概念。对于度量空间而言，序列是一个比较好的刻画度量的工具，但对于一般拓扑空间，序列则往往并不那么有效。在一般拓扑空间中，可以类似于在度量空间中使用序列那样，采用一种叫作"网"的概念来处理问题。网是序列概念的推广，可以定义诸如收敛网这样的概念，并证明：

①如果点 x 是 A 的极限点，那么在 A 中存在一个收敛到 x 的网。

②函数 f 在 x 处是连续的当且仅当它将任意收敛到 x 的网映射到收敛到 $f(x)$ 的网。

例如：

①对于 $\mathbb{R}$ 的子集 $A = (0,1) \cup (1,3) \cup \{5\}$，我们有 $A' = [0,\ 3]$。注意 5 是 A 的序列极限点，但不是 A 的极限点。

②在 $(X, \mathscr{T}_{\text{discrete}})$ 中，对任意 $A \subset X$ 都有 $A' = \emptyset$。

③考虑 $(X, \mathscr{T}_{\text{cocountable}})$，其中 X 是不可数集。则根据定义，对于任意不可数子集 $A \subset X$，我们有 $A' = X$。因此，对于任何 $x_0 \in X$，我们有 $x_0 \in (X \setminus \{x_0\})'$。然而，$X$ 中仅有那些最终常值的序列是收敛序列（且收敛到该常值）。因此 x_0 是 $A \setminus \{x_0\}$ 的极限点，但不是 $A \setminus \{x_0\}$ 的序列极限点。

集合 A 的序列极限点和其极限点之间的关系是微妙的，序列极限点不必是极限点，极限点也不必是序列极限点。

（2）导集的性质

设 X 为拓扑空间，$A, B \subset X$。则

① $\emptyset' = \emptyset$。

② $a \in A' \Longrightarrow a \in (A \setminus \{a\})'$。

③ $A \subset B \Longrightarrow A' \subset B'$。

④ $(A \cup B)' = A' \cup B'$。

⑤ $(A')' \subset A \cup A'$。

（3）孤立点

设 A 是拓扑空间 X 的子集. 对于点 $x \in A$，如果存在开集 $U \ni x$ 使得 $U \cap A = \{x\}$，则我们称 x 是 A 的孤立点。

由定义可知，点 x 是 A 的孤立点当且仅当 $x \in A$ 但 $x \notin A'$。

7）用极限点刻画闭集

借助极限点的概念，我们可以给出一般拓扑空间中闭集的刻画。

拓扑空间中闭集的刻画

拓扑空间X中的子集A是闭集当且仅当$A' \subset A$。

证明：如果A是闭集，且$x \in A^c$，则存在x的开邻域U使得$U \subset A^c$，即$U \cap A = \emptyset$。所以根据定义，$x \notin A'$，因此$A' \subset A$。

反之，假设$A' \subset A$，且$x \in A^c$，则$x \in (A')^c$，即存在x的邻域U使得$U \cap A = U \cap (A \setminus \{x\}) = \emptyset$。所以$U \subset A^c$。于是由定义可知，$A^c$是开集，即$A$是闭集。

换句话说，一个集合是闭集当且仅当它包含其所有极限点。

1.5.2 闭包，内点与边界点

1）子集的闭包

闭集包含它的所有极限点。如果A不是闭集呢？通过仔细观察拓扑空间中闭集的刻画定理证明的后半部分，我们可以证明闭包是闭集。

（1）闭包是闭集

对于拓扑空间X的任意子集A，并集$A \cup A'$都是闭集。

证明：对任意$x \in (A \cup A')^c = A^c \cap (A')^c$，存在$x$的邻域$U$使得$U \cap A = U \cap (A \setminus \{x\}) = \emptyset$。这意味着：

① $U \subset A^c$。

② $U \subset (A')^c$：对任意$y \in U$，我们必有$y \notin A'$，因为$U \cap (A \setminus \{y\}) \subset U \cap A = \emptyset$。所以$U \subset A^c \cap (A')^c = (A \cup A')^c$，即$(A \cup A')^c$是开集。所以$A \cup A'$是闭集。

事实上，$A \cup A'$是包含A的最小闭集。如果F是一个闭集并且$F \supset A$，那么$F \supset A \cup F' \supset A \cup A'$。

于是我们得到一个关于闭包的最小性推论。

$A \cup A'$是包含A的最小的闭集：$A \cup A' = \bigcap\limits_{\substack{F是闭集 \\ F \supset A}} F$

（2）闭包

对于拓扑空间X的子集A，我们称$\overline{A} := \mathrm{Cl}(A) = A \cup A'$为$A$的闭包。

2）闭包的性质

（1）闭包的性质

设X为拓扑空间，$A, B \subset X$，则

① $A \subset \overline{A}$。

② $\overline{A \cup B} = \overline{A} \cup \overline{B}$。

③ $\overline{\overline{A}} = \overline{A}$。

④ $\overline{\emptyset} = \emptyset$。

⑤ A是闭集 $\Longleftrightarrow$ $A = \overline{A}$。

⑥ 如果$A \subset B$，$\overline{A} \subset \overline{B}$。

⑦ $\overline{A \cap B} \subset \overline{A} \cap \overline{B}$。

⑧ $\overline{A \times B} = \overline{A} \times \overline{B}$（该性质对 $A \subset X$，$B \subset Y$ 也成立）。

注意，⑦ 的反包含关系并不成立：不难构造出满足 $\overline{A \cap B} \neq \overline{A} \cap \overline{B}$ 的例子。

我们给出闭包 $\overline{A}$ 的另一种刻画，它在应用中非常有用。

（2）闭包的刻画

$x \in \overline{A} \Longleftrightarrow$ 对任意开集 $U \ni x$，有 $U \cap A \neq \emptyset$。

证明：（$\Longleftarrow$）用反证法。设 $x \notin \overline{A}$，即 $x \in (\overline{A})^c$。因为 $\overline{A}$ 是闭集，故存在 x 的开邻域 U 使得 $U \subset (\overline{A})^c$，即 $U \cap \overline{A} = \emptyset$。因此，$U \cap A = \emptyset$，矛盾。

（$\Longrightarrow$）反之，设存在开集 $U \ni x$，使得 $U \cap A = \emptyset$，则 $x \notin A$ 且 $x \notin A'$。所以 $x \notin \overline{A}$。

3）用闭包刻画连续性

我们也可以使用闭包来刻画映射的连续性。

（1）用闭包刻画连续性

设 X，Y 为拓扑空间。那么映射 $f : X \to Y$ 是连续的当且仅当对于任意 $A \subset X$，$f(\overline{A}) \subset \overline{f(A)}$。

证明：假设 $f : X \to Y$ 是连续的，$A \subset X$ 是一个子集。则由连续性可知，$f^{-1}(\overline{f(A)})$ 是一个包含 A 的闭集。所以 $\overline{A} \subset f^{-1}(\overline{f(A)})$ 即 $f(\overline{A}) \subset \overline{f(A)}$。

反之，假设 $f(\overline{A}) \subset \overline{f(A)}$ 对任何 $A \subset X$ 成立。要证明 f 是连续的，只需证明 f^{-1}(闭集) = 闭集。我们取任意闭集 $B \subset Y$。则 $f(\overline{f^{-1}(B)}) \subset \overline{f(f^{-1}(B))} \subset \overline{B} = B$。所以 $\overline{f^{-1}(B)} \subset f^{-1}(B)$，即 $f^{-1}(B) = \overline{f^{-1}(B)}$ 是闭集。

4）集合的内部

在前文中，我们定义了拓扑空间中一个集合的内部的概念。这里我们重述一下。

（1）内部

拓扑空间 X 中的集合 A 的内部定义为 $\mathring{A} := \mathrm{Int}(A) = \{x \in A \,|\, 存在开集 U \ni x 使得 U \subset A\}$。

注意：$\mathring{A}$ 总是一个开集，如果 $x \in \mathring{A}$，那么我们可以找到一个开集 $U \ni x$ 使得 $U \subset A$。根据定义，对于任意 $y \in U$，我们也有 $y \in \mathring{A}$。所以 $U \subset \mathring{A}$，即 $\mathring{A}$ 是开集。

事实上，内部的概念与闭包的概念是对偶的。

（2）内部的刻画

设 A 是拓扑空间 X 的子集，则 A 的内部 $\mathring{A}$ 是包含在 A 中的最大开集：

$$\mathring{A} = \bigcup_{\substack{U 是开集 \\ U \subset A}} U$$

证明：根据定义，$\mathring{A}$ 是开集并且 $\mathring{A} \subset A$。所以只需证明如果 $U \subset A$ 是开集，那么 $U \subset \mathring{A}$。对于任意 $x \in U$ 且 $U \subset A$，根据定义我们有 $x \in \mathring{A}$。所以 $U \subset \mathring{A}$。

（3）内部–闭包对偶

对于拓扑空间 X 中的任意子集 A，都有 $\mathring{A} = \overline{A^c}^c$。

证明：作为闭集的补集，$\overline{A^c}^c$ 是开集。对 $A^c \subset \overline{A^c}$ 取补集，我们得到 $\overline{A^c}^c \subset A$。所以 $\overline{A^c}^c \subset \mathring{A}$。

反之，如果 $x \in \mathring{A}$，则存在开集 $U \ni x$ 使得 $U \subset \mathring{A} \subset A$。所以 $U \cap A^c = \emptyset$，由此推出 $x \notin \overline{A^c}$，即 $x \in \overline{A^c}^c$。

当然我们也可以在等式 $\mathring{A} = \overline{A^c}^c$ 两边取补集，得到 $(\mathring{A})^c = \overline{A^c}$。

5）内部的性质

作为内部—闭包对偶性的推论，我们可以将关于闭包 $\overline{A}$ 的命题翻译为关于内部 $\mathring{A}$ 的以下命题。

内部的性质

设 A, B 是拓扑空间 X 的子集，则

① $\mathring{A} \subset A$。

② $(A \mathring{\cap} B) = \mathring{A} \cap \mathring{B}$。

③ $\mathring{\mathring{A}} = \mathring{A}$。

④ $\mathring{X} = X$。

⑤ A 是开集 $\Leftrightarrow A = \mathring{A}$。

⑥ $A \subset B \Rightarrow \mathring{A} \subset \mathring{B}$。

⑦ $\mathring{A} \cup \mathring{B} \subset (A \mathring{\cup} B)$。

⑧ $\mathring{A} \times \mathring{B} = A \mathring{\times} B$（对 $A \subset X, B \subset Y$ 成立）。

注：根据对偶性，我们可以称以下①~④为闭包公理。Kuratowski 首先将它们用作一组替代公理来定义集合上的拓扑结构。

① $A \subset \overline{A}$。

② $\overline{A \cup B} = \overline{A} \cup \overline{B}$。

③ $\overline{\overline{A}} = \overline{A}$。

④ $\overline{\emptyset} = \emptyset$。

6）稠密集和疏集

设 A 是拓扑空间 X 中的一个子集。

①如果 $\overline{A} = X$，我们称 A 是 X 中的稠密集。

②如果 $\mathring{\overline{A}} = \emptyset$，我们称 A 是疏集（或无处稠密的）。

例1：稠密集

①在欧氏拓扑下，$\overline{\mathbb{Q}} = \mathbb{R}$。

②在 $(X, \mathscr{T}_{\text{trivial}})$ 中，$A \neq \emptyset \implies \overline{A} = X$。

③可数点集 $\{(n, e^n) \,|\, n \in \mathbb{N}\} \subset \mathbb{C}^2$ 在 $(\mathbb{C}^2, \mathscr{T}_{\text{Zariski}})$ 中是稠密的。

④（Weierstrass）全体多项式构成的集合在 $[0, 1]$ 上的全体连续函数构成的空间中（赋以一致度量拓扑）是稠密的。

例 2：疏集

① $\mathbb{N}$ 在 $(\mathbb{R}, d_{\text{Euclidian}})$ 中是疏集。

② Cantor 集在 $[0, 1]$ 中是疏集。

7）集合的边界

有了闭包和内部的概念，我们还可以定义集合的边界。

（1）集合的边界

拓扑空间 X 中集合 A 的边界 ∂A 是 $\partial A := \overline{A} \setminus \mathring{A}$。

根据定义，我们可以将全空间 X 分解为不交并 $X = \mathring{A} \mathbin{\dot{\cup}} \partial A \mathbin{\dot{\cup}} \overline{A^c}$。

请注意，根据内部–闭包对偶的命题，$\partial A = \overline{A} \setminus \mathring{A} = \overline{A} \cap (\mathring{A})^c = \overline{A} \cap \overline{A^c}$。

（2）边界点的刻画

点 x 位于集合 A 的边界 ∂A 上当且仅当对任意包含 x 的开集 U，我们有 $U \cap A \neq \emptyset$ 且 $U \cap A^c \neq \emptyset$。

下面我们列出拓扑空间中集合边界的一些性质。

（3）边界的性质

对于拓扑空间 X 中的子集 A, B，有

① ∂A 总是闭集。

② $\partial A = \partial A^c$。

③ $\partial \mathring{A} \subset \partial A$，$\partial \overline{A} \subset \partial A$。

④ $\partial \partial A \subset \partial A$。

⑤如果 A 是开集或者闭集，则 $\partial \partial A = \partial A$。

⑥如果 A 是开集或者闭集，则 $\partial \mathring{A} = \emptyset$（从而对于开集或闭集，$\partial A$ 是疏集）。

⑦ $\partial(A \cup B) \subset \partial A \cup \partial B$。

8）拓扑空间"范畴"：不同的描述

范畴

一个范畴 $\mathcal{C}$ 包含：

①一个类 $\mathrm{Ob}(\mathcal{C})$，其中的元素称为对象。

②一个类 $\mathrm{Mor}(\mathcal{C})$，其中的元素称为对象间的态射，满足：

a.每个态射 f 都有一个始对象 $X \in \mathrm{Ob}(\mathcal{C})$ 和一个终对象 $Y \in \mathrm{Ob}(\mathcal{C})$。

• 我们记 $f : X \to Y$ 并称 f 是从 X 到 Y 的态射。

• 我们将从 X 到 Y 的态射全体记为 $\mathrm{Mor}(X, Y)$（对于一些对象 X 和 Y，可能并不存在从 X 到 Y 的态射，此时 $\mathrm{Mor}(X, Y) = \emptyset$）。

b.态射 $f : X \to Y$ 和 $g : Y \to Z$ 的复合是态射 $g \circ f : X \to Z$，且满足

• 结合性：设 $f : X \to Y$，$g : Y \to Z$，$h : Z \to W$，则 $h \circ (g \circ f) = (h \circ g) \circ f$。

• 单位元：对 $X \in \mathrm{Ob}(\mathcal{C})$，存在单位态射 $\mathrm{Id}_X : X \to X$，使得对于任意态射 $f : Z \to X$ 和 $g : X \to Y$，都有 $\mathrm{Id}_X \circ f = f$ 且 $g \circ \mathrm{Id}_X = g$。

例如：

①拓扑空间范畴 $\mathcal{TOP}$，

a. Ob($\mathcal{TOP}$) = 所有的拓扑空间。

b.态射是拓扑空间之间的连续映射。

②向量空间范畴 $\mathcal{VECT}$，

a. Ob($\mathcal{VECT}$) = 所有的向量空间。

b.态射是向量空间之间的线性映射。

③群范畴 $\mathcal{GROUP}$，

a. Ob($\mathcal{GROUP}$) = 所有的群。

b.态射是群同态。

④集合范畴 $\mathcal{SET}$，

a. Ob($\mathcal{SET}$) = 所有集合。

b.态射是"关系"（我们称 $A \times B$ 的任意子集为从 A 到 B 的一个"关系"，记为 $A \Rightarrow B$；两个关系 $A \Rightarrow B$ 和 $B \Rightarrow C$ 的复合关系是集合 $\{(a, c) \mid$ 存在 $b \in B$ 使得 $(a, b) \in$ "$A \Rightarrow B$" 且 $(b, c) \in$ "$B \Rightarrow C$" $\}$）。

⑤单独一个拓扑空间 $(X, \mathcal{T})$ 也是一个范畴。

a. Ob($\mathcal{SET}$) = X 中的所有开子集。

b.态射是包含映射。

在前文中，我们用开集、闭集、邻域、闭包、内部等5种不同的方式来定义拓扑结构，我们都相应给出了映射连续性的刻画。换句话说，我们至少有5种方式来构建拓扑空间的范畴。

除了这5种方式外，其他可能描述拓扑的方式还有：

①用网的收敛来刻画拓扑和连续性。

②用导集运算将一个集合 A 映为其导集 A'。

③用边界运算将一个集合 A 映为其边界 ∂A。

第2章　紧性、可数性与分离性

2.1　拓扑空间的各种紧性

在拓扑学中，"局部性质"这个词往往表示在点的邻域内成立的性质。从某种意义上说，局部性是拓扑的根本，这一点在拓扑学的定义中就已经明确了。我们的研究对象——拓扑空间，是由邻域结构确定的，拓扑空间之间的态射和连续映射也是由映射在每个点的邻域内的性态决定的。

整体性质才是拓扑学的灵魂。无论是拓扑学的分析部分还是几何部分都离不开对拓扑空间或其中特定子集的整体信息的刻画。例如，所有的曲面在每个点的局部都跟平面圆盘在拓扑上是一样的，但整体上看曲面却是五花八门的。

在分析、几何、数论等数学分支中，都存在各种从局部信息过渡到整体信息的方式，我们不妨把这些方式统称为局部–整体原理，而该原理甚至在物理、生物等科学领域也多有呈现。我们在前文中已经看到了有限性是如何帮助我们从局部过渡到整体的。在本章中我们将介绍，在拓扑学中，紧性（及其推广）作为一种广义的有限性，是如何让我们从局部信息中获取全局信息的。从某种意义上来说，紧性是最重要也最有用的拓扑性质。

2.1.1　紧性的定义与例子

1）闭区间[0, 1]紧性的表现形式

我们知道，在欧氏空间中，一个集合是紧集当且仅当它是有界闭集。为了理解紧性是广义的有限性这一论断，让我们比较一下有限集，[0, 1]和看似类似却非紧的(0, 1]（表2–1）。

表2–1　有限集[0, 1]、（0, 1]的比较

	$X =$ 有限集	$X = [0, 1]$	$X = (0, 1]$
设 $f : X \to \mathbb{R}$ 是连续函数，则	f 必有界，并达到其最大/最小值	（最值性质）f 必有界，并达到其最大/最小值	f 可以无界或有界但取不到极值
设 x_1, $x_2 \cdots$ 是 X 中的点列，则	(x_n) 必有常值子列 $x_{n1} = x_{n2} = \cdots = c$	(Bolzano-Weierstrass 定理) (x_n) 必有收敛子列 $x_{n1}, x_{n2}, \cdots \to c \in X$	例如$1, \frac{1}{2}, \frac{1}{3}, \cdots$没有收敛子列
设 A 是 X 的一个无限子集，则	—	A 必有一个极限点 $c \in X$	$\{1, \frac{1}{2}, \frac{1}{3}, \cdots\}$没有极限点
设$X = \bigcup_\alpha U_\alpha$其中 U_α 是开集，则	必有有限个子集 $U_{\alpha_1}, \cdots, U_{\alpha_k}$使得 $X = \bigcup_{i=1}^{k} U_{\alpha_i}$	(Heine-Borel 定理) 必存在有限个子集$U_{\alpha_1}, \cdots, U_{\alpha_k}$使得$X = \bigcup_{i=1}^{k} V_{\alpha_i}$	$\bigcup_{n=1}^{\infty} (\frac{1}{n}, 1)$没有有限子覆盖
设 $F_1 \supset F_2 \supset \cdots$ 是一列递降闭集，则	必有$\bigcap_k F_k \neq \emptyset$	(Cantor 闭集套定理) 必有 $\bigcap_k F_k \neq \emptyset$	交集可以为空，例如 $\bigcap_k (0, \frac{1}{k}] = \emptyset$

2）紧性的各种定义

我们知道，对于欧氏空间而言，紧跟有界闭是等价的，而上表2–1中 [0, 1]的5种性质都是紧性的不同表现形式。然而对于拓扑空间而言，我们并没有有界闭这样的概念。下面我们将把表2–1中紧性的5个表现形式推广到一般的拓扑空间。与欧氏空间不同的是，我们将会得到各种不同的紧性概念。

从局部–整体原理的角度来看，表中的Haine-Borel定理是最便于使用的紧性，因为它可以把一族局部所承载的信息化归为有限个局部所承载的信息，从而也最完美地诠释了紧性是有限性的推广这一论断。因此，我们将把Haine-Borel定理抽象出来，作为标准紧性的定义，而把别的性质抽象出来叫作某某紧性。

（1）覆盖

设 $(X, \mathscr{T})$ 为拓扑空间，$A \subset X$ 为子集。

①若子集族 $\mathscr{U} = \{U_\alpha\}$ 满足 $A \subset \bigcup_\alpha U_\alpha$，则称 $\mathscr{U}$ 为 A 的一个覆盖。

②若覆盖 $\mathscr{U}$ 是有限族，则称 $\mathscr{U}$ 为一个有限覆盖。

③若覆盖 $\mathscr{U}$ 中的元素 U_α 都是开集，则称 $\mathscr{U}$ 为一个开覆盖。

④若 $\mathscr{U}$，$\mathscr{V}$ 都是覆盖，且 $\mathscr{V} \subset \mathscr{U}$，则称覆盖 $\mathscr{V}$ 是覆盖 $\mathscr{U}$ 的子覆盖。

⑤若 $\mathscr{U}$，$\mathscr{V}$ 都是覆盖，且对任意 $V \in \mathscr{V}$，都存在 $U \in \mathscr{U}$ 使得 $V \subset U$，则称覆盖 $\mathscr{V}$ 为覆盖 $\mathscr{U}$ 的加细。

（2）3种不同的紧性

设 $(X, \mathscr{T})$ 为拓扑空间。

①如果 X 的任意开覆盖 $\mathscr{U} = \{U_\alpha\}$ 都有有限子覆盖，即存在 $\mathscr{U}$ 中有限个集合 $\{U_{\alpha_1}, U_{\alpha_2}, \cdots, U_{\alpha_k}\}$ 使得 $X = \bigcup_{i=1}^{k} U_{\alpha_i}$，则我们称 X 是紧的。

②如果 X 中任意点列 x_1, $x_2 \cdots \in X$ 都有收敛子列 x_{n1}, x_{n2}, $\cdots$, $x_0 \in X$，则我们称 X 是序列紧的。

③如果 X 中的任意无限子集 S 都有极限点，则我们称 X 是极限点紧的。

④设 $A \subset X$ 是一个子集，如果 $(A, \mathscr{T}_{\text{subspace}})$ 在子空间拓扑下是紧的/列紧的/极限点紧的，那么我们说 A 是 X 中的紧集/列紧集/极限点紧集。

（3）紧子集的刻画

拓扑空间 X 中的子集 A 是紧子集当且仅当：对 X 中的任意满足 $A \subset \bigcup_\alpha U_\alpha$ 的开集族 $\mathcal{U} = \{U_\alpha\}$，都存在有限子族 $U_{\alpha_1}, \cdots, U_{\alpha_k} \in \mathcal{U}$ 使得 $A \subset \bigcup_{j=1}^{k} U_{\alpha_j}$。

3）紧集的例子

①在欧氏空间 $\mathbb{R}^n$ 中，我们有有界闭 $\Longleftrightarrow$ 紧 $\Longleftrightarrow$ 列紧 $\Longleftrightarrow$ 极限点紧。

②考虑赋以余有限拓扑的拓扑空间 $(X, \mathscr{T}_{\text{cofinite}})$，则

a. X 是紧的。设 $X \subset \bigcup_\alpha U_\alpha$。任取 α_1。根据定义，U_{α_1} 是开集，因此它的补集 $X \setminus A_{\alpha_1}$ 是有限集，于是可以在 $\mathscr{U}$ 中选取有限多个集合来覆盖它。

b. X 也是列紧的。若序列 x_1, $x_2 \cdots$ 中没有点出现无限次，那么整个序列会收敛到任意

一点，若该序列中至少有一个点出现无限次，那么我们就得到一个由该点组成的常值子序列。

c. X 也是极限点紧的。若 $S \subset X$ 是无限集，则对 X 中任意开集 U 都有 $U \cap S \neq \emptyset$，故 $S' = X$。

③考虑乘积拓扑空间 $X = (\mathbb{N}, \mathscr{T}_{\text{discrete}}) \times (\mathbb{N}, \mathscr{T}_{\text{trivial}})$。

a. X 不是紧的。取 $U_n = \{n\} \times \mathbb{N}$。则 $\{U_n\}_{n \in \mathbb{N}}$ 是 X 的开覆盖，但没有有限子覆盖。

b. X 也不是列紧的。令 $x_n = (n, 1)$，则序列 $\{x_n\}$ 没有收敛子列。

c. X 是极限点紧的。事实上，对于任意 $S \neq \emptyset$，我们都有 $S' \neq \emptyset$，因为只要 $(m_0, n_0) \in S$ 且 $n_1 \neq n_0$，就有 $(m_0, n_1) \in \{(m_0, n_0)\}' \subset S'$。

4）各种紧性的关系

不难看出极限点紧是三者中最弱的。

紧、序列紧 $\Longrightarrow$ 极限点紧

设 X 为任意拓扑空间。若 X 是紧的或是列紧的，则 X 是极限点紧的。

证明：先设 X 是紧集。若 $S \subset X$ 且 S 没有极限点，则 S 是闭集，因为 $S' = \emptyset \subset S$。对于任意 $a \in S$，因为 $a \notin S'$，故存在开集 $U_a \subset X$ 使得 $S \cap U_a = \{a\}$。于是 $\{S^c, U_a \mid a \in S\}$ 是 X 的一个开覆盖。根据紧性，存在 $a_1, \cdots, a_k \in S$ 使得 $X = S^c \cup (\bigcup_{i=1}^{k} U_{a_i})$。由此可知 $S = S \cap X = (\bigcup_{i=1}^{k} U_{a_i}) \cap S = \{a_1, \cdots, a_k\}$ 是一个有限子集。

再设 X 是列紧的且 $S \subset X$ 是任意无限集。任取无限序列 $\{x_1, x_2, \cdots\} \subset S$ 使得对任意 $i \neq j$，都有 $x_i \neq x_j$。由列紧的定义，存在子列 $x_{n_1}, x_{n_2}, \cdots \to x_0 \in X$。于是 $x_0 \in \{x_{n_1}, x_{n_2}, \cdots\}' \subset \{x_1, x_2, \cdots\}' \subset S'$，所以 $S' \neq \emptyset$。

在后文中我们将会举例说明，对于拓扑空间而言，紧与列紧互不蕴含。在下一节我们还将证明，对于度量空间，紧、列紧、极限点紧都是等价的，但它们并不等价于有界闭。

5）用闭集刻画紧性

应用开闭对偶，我们可以将紧集的开覆盖定义转换为用闭集给出的等价定义。

$X = \bigcup_{\alpha} U_{\alpha}$, U_{α} 为开集 $\Longrightarrow \exists U_{\alpha_i}, X = \bigcup_{i=1}^{k} U_{\alpha_i \circ}$	$\Leftrightarrow$	$\emptyset = \bigcap_{\alpha} F_{\alpha}$, F_{α} 为闭集 $\Longrightarrow \exists F_{\alpha_i}, \emptyset = \bigcap_{i=1}^{k} F_{\alpha_i \circ}$	$\Leftrightarrow$	对任意有限族 $\{F_{\alpha_1}, \cdots, F_{\alpha_k}\}$ 都有 $\bigcap_{i=1}^{k} F_{\alpha_i} \neq \emptyset$ $\Longrightarrow \bigcap_{\alpha} F_{\alpha} \neq \emptyset$。

用闭集刻画紧性：有限交性质

一个拓扑空间 X 是紧的当且仅当它满足有限交性质。如果 $\mathscr{F} = \{F_{\alpha}\}$ 是任意一族闭集，且任意有限交集 $F_{\alpha_1} \cap \cdots \cap F_{\alpha_k} \neq \emptyset$，则 $\cap_{\alpha} F_{\alpha} \neq \emptyset$。

因此，我们得到推论——闭集套定理。

设 X 是紧的，且 $X \supset F_1 \supset F_2 \supset \cdots$ 是非空闭集的降链，则 $\bigcap_{n=1}^{\infty} F_n \neq \emptyset$。

6）用基和子基刻画紧性

因为开集可以由基里的元素生成，所以我们可以通过基覆盖来刻画紧性。

（1）用拓扑基刻画紧性

设 B 是 $(X, \mathscr{T})$ 的一个拓扑基，则 X 是紧的当且仅当 X 的任意基覆盖 $\mathscr{U} \subset \mathcal{B}$ 都存在有限子覆盖。

证明：设 X 是紧的，且 $\mathscr{U} \subset \mathcal{B}$ 是 X 的一个基覆盖，则 $\mathscr{U}$ 也是 X 的一个开覆盖，从而存在有限子覆盖。

反之，设 X 的任意基覆盖都存在有限子覆盖，而 $\mathscr{U}$ 是 X 的任意开覆盖。由拓扑基的定义，对于任何 $x \in X$，都存在 $U^x \in \mathscr{U}$ 和 $U_x \in \mathcal{B}$ 使得 $x \in U_x \subset U^x$。由于 $\{U_x\}$ 是 X 的基覆盖，所以存在 $U_{x_1}, \cdots, U_{x_m}$ 使得 $X = \bigcup_{i=1}^{n} U_{x_i}$。因此对于 $U^{x_1}, \cdots, U^{x_n} \in \mathscr{U}$，我们有 $X = \bigcup_{i=1}^{n} U^{x_i}$，即 X 是紧的。

由此产生的问题是，可否把基覆盖进一步减弱为子基覆盖？答案是肯定的。

（2）Alexander子基定理

设 $\mathcal{S}$ 是 $(X, \mathscr{T})$ 的一个子基。则 X 是紧的当且仅当 X 的任意子基覆盖 $\mathscr{U} \subset \mathcal{S}$ 都存在有限子覆盖。

然而，这个定理的证明要困难得多，而且它等价于选择公理，我们将在后文中证明这个定理。

2.1.2　紧集的性质

1）紧性和连续映射

在3种不同的紧性中，紧性和列紧性更为重要。

紧与列紧的不变性

设 $f : X \to Y$ 是连续映射。

①如果 $A \subset X$ 是紧集，则 $f(A)$ 在 Y 中也是紧集。

②如果 $A \subset X$ 是列紧集，则 $f(A)$ 在 Y 中也是列紧集。

证明：①设 A 是紧集。给定 $f(A)$ 的任意开覆盖 $\mathscr{V} = \{V_\alpha\}$，其原像 $\mathscr{U} = \{f^{-1}(V_\alpha)\}$ 是 A 的一个开覆盖。根据 A 的紧性，存在 $\alpha_1, \cdots, \alpha_k$ 使得 $A \subset \bigcup_{i=1}^{k} f^{-1}(V_{\alpha_i})$。因此 $f(A) \subset \bigcup_{i=1}^{k} V_{\alpha_i}$，即 $f(A)$ 也是紧集。

②对 $f(A)$ 中的任意点列 $y_1, y_2, \cdots$，存在 A 中的点列 $x_1, x_2, \cdots$ 使得 $f(x_i) = y_i$。因此 A 是列紧的，所以存在收敛子列 $x_{n_1}, x_{n_2}, \cdots \to x_0 \in A$。又因为 f 是连续映射，所以 $y_{n_1}, y_{n_2}, \cdots \to f(x_0) \in f(A)$，所以 $f(A)$ 是列紧集。

然而，极限点紧的空间在连续映射下的像集不一定是极限点紧的。

例如，乘积空间 $X = (\mathbb{N}, \mathscr{T}_{\text{discrete}}) \times (\mathbb{N}, \mathscr{T}_{\text{trivial}})$ 是极限点紧的。我们也知道投影映射 $\pi_1 : (\mathbb{N}, \mathscr{T}_{\text{discrete}}) \times (\mathbb{N}, \mathscr{T}_{\text{trivial}}) \to (\mathbb{N}, \mathscr{T}_{\text{discrete}})$ 是连续的。然而，像集 $(\mathbb{N}, \mathscr{T}_{\text{discrete}})$ 不是极限点紧的，因为对于任何具有离散拓扑的空间中的任何子集，都有 $A' = \emptyset$。

由于 $\mathbb{R}$ 中的子集（在通常的拓扑下）是紧的当且仅当它是列紧的，也当且仅当它是有界闭的，我们得到关于最值性质的推论。

设 $f: X \to \mathbb{R}$ 为任意连续映射。如果 $A \subset X$ 在 X 中是紧的或列紧的，则 $f(A)$ 在 $\mathbb{R}$ 中有界，且存在 $a_1, a_2 \in A$ 使得 $f(a_1) \leqslant f(x) \leqslant f(a_2)$ 对于所有 $x \in A$ 都成立。

因为商映射都是连续的，所以任何紧/列紧空间的商空间仍然是紧/列紧的。因此，$\mathbb{RP}^n$ 和 Klein 瓶是紧的。

2）逆紧映射

一般来说，紧集在连续映射下的原像不再是紧集。

逆紧映射

设 X, Y 为拓扑空间。对于映射 $f: X \to Y$，如果 Y 中任意紧集 B 的原像 $f^{-1}(B)$ 在 X 中是紧集，则称 f 为逆紧映射。

我们为什么要研究逆紧映射？因为拓扑空间之间的态射是连续映射，它们将开集拉回到开集。另外，通常紧集的拓扑性质更容易研究。因此，一些拓扑不变量只对紧的或紧支的对象定义。对于后一种情况，正确的态射应该是连续的逆紧映射，因为逆紧映射可以将紧支的对象拉回到紧支的对象。例如，在研究非紧空间的紧支的上同调群时，就要考虑逆紧映射。

3）紧空间的子空间

像往常一样，我们想从已有的紧空间甚至非紧空间构造新的紧空间。容易想到的第一个备选操作是考虑紧空间的子空间。然后，紧空间的子空间有可能是非紧的。例如，$(0, 1)$ 是 $[0, 1]$ 的非紧子空间。

那么，$[0, 1]$ 的哪些子集仍然是紧的？我们知道 $\mathbb{R}$ 中一个集合是紧的当且仅当它是有界且闭的。如果 A 是 $[0, 1]$ 的子集，则它自动是有界的。因此，要使子集 $A \subset [0, 1]$ 是紧集，只需要 A 是闭集就足够了。

事实证明，对于更一般的紧拓扑空间，子集的闭性也足够保证其紧集。

紧集的闭遗传性

设 A 是拓扑空间 X 的闭子集。

①如果 X 是紧集，则 A 也是紧集。

②如果 X 是列紧集，则 A 也是列紧集。

③如果 X 是极限点紧集，则 A 也是极限点紧集。

证明：

①设 $\mathscr{U}$ 是 A 的开覆盖，则 $\mathscr{U} \cup \{A^c\}$ 是 X 的开覆盖，故存在有限子覆盖 $U_1, \cdots, U_m, A^c$。于是 $A \subset U_1 \cup \cdots \cup U_m$，即 $\{U_1, \cdots, U_m\}$ 是 $\mathscr{U}$ 的有限子覆盖。

②A 中的任意点列 $x_1, x_2, \cdots$ 也是 X 中的点列，因此存在收敛子列 $x_{n_k} \to x_0 \in X$。因为 A 是闭集所以 $x_0 \in A$。

③设 S 是 A 的无限子集，则在 X 中有 $S' \neq \emptyset$。又因为 $S' \subset A' \subset A$，所以在 A 同样有 $S' \neq \emptyset$。

4）紧性和 Hausdorff 性质

需要指出的是，一个紧集的紧子集不一定是闭集。例如，根据定义 $(X, \mathcal{T}_{\text{trivial}})$ 是紧空间而且它的任意子集都是紧集，但除了 X 和 $\emptyset$ 外其他子集都不是闭集。

（1）Hausdorff 性质

设 $(X, \mathcal{T})$ 是拓扑空间。如果对于任意 $x_1 \neq x_2 \in X$ 都存在开集 $U_1 \ni x_1$ 和 $U_2 \ni x_2$ 使得 $U_1 \cap U_2 = \emptyset$，则我们称 X 是 Hausdorff 空间。

Hausdorff 性质是应用最广泛的分离性质之一。例如，可以很容易地证明在 Hausdorff 空间中，任何收敛序列的极限是唯一的。

尽管紧性和 Hausdorff 性质看起来完全不同，但它们在以下的意义下又彼此对偶。

（2）紧性与 Hausdorff 性的对偶

①如果 $(X, \mathcal{T})$ 是紧空间，则：

a. X 中的闭子集都是紧集。

b.如果 $\mathcal{T}' \subset \mathcal{T}$，则 $(X, \mathcal{T}')$ 是紧空间。

c. $(X, \mathcal{T}_{\text{trivial}})$ 总是紧空间。

②如果 $(X, \mathcal{T})$ 是 Hausdorff 空间，则：

a. X 中的每个紧子集都是闭集。

b.如果 $\mathcal{T}' \supset \mathcal{T}$，则 $(X, \mathcal{T}')$ 是 Hausdorff 空间。

c. $(X, \mathcal{T}_{\text{discrete}})$ 总是 Hausdorff 空间。

证明：我们只证明②中的 a。设 $A \subset X$ 是紧集，$x_0 \in X \setminus A$。由 Hausdorff 性质，对任意 $y \in A$ 存在开集 $U_y \ni x_0$ 和 $V_y \ni y$ 使得 $U_y \cap V_y = \emptyset$。因为 $A \subset \cup_{y \in A} V_y$，所以由紧性，存在 $y_1, \cdots, y_m$ 使得 $A \subset V_{y_1} \cup \cdots \cup V_{y_m}$。于是 $U_{y_1} \cap \cdots \cap U_{y_m} \subset X \setminus (V_{y_1} \cup \cdots \cup V_{y_m}) \subset X \setminus A$。从而 $X \setminus A$ 是开集，即 A 是闭集。

于是紧拓扑趋于偏弱，Hausdorff 拓扑趋于偏强。因此，从紧空间到 Hausdorff 空间的连续映射往往具有很好的性质。

（3）闭映射引理

设拓扑空间 X 是紧的，Y 是 Hausdorff 的。则任意连续映射 $f : X \to Y$ 既是闭映射，也是逆紧映射。

闭映射引理有一个非常有用的推论，常被用于判定同胚。设拓扑空间 X 是紧的，Y 是 Hausdorff 的，则任意连续双射 $f : X \to Y$ 是同胚。

因此，紧 Hausdorff 空间形成了一类非常特殊的拓扑空间。

（4）紧 Hausdorff 拓扑之间不可比较

如果 $\mathcal{T}$ 是 X 上的紧 Hausdorff 拓扑且 $\mathcal{T}_1$ 和 $\mathcal{T}_2$ 是 X 上的两个拓扑，满足 $\mathcal{T}_1 \subsetneqq \mathcal{T} \subsetneqq \mathcal{T}_2$，则 $(X, \mathcal{T}_1)$ 不是 Hausdorff 的，而 $(X, \mathcal{T}_2)$ 不是紧的。

换言之，紧 Hausdorff 拓扑是一种恰到好处的拓扑，增一个开集则太强，减一个开集则太弱（注意同一个集合上可能有很多不同的、两两不可比较的紧 Hausdorff 拓扑）。

2.2　乘积空间的紧性：Tychonoff 定理

2.2.1　有限积的紧性

1）管形邻域引理

为了证明有限个紧空间的乘积空间的紧性，我们需要管形邻域引理。请仔细体会证明中是如何利用紧性从局部过渡到整体的。

（1）管形邻域引理

设 $x_0 \in X$，B 是 Y 的紧子集。则 $\{x_0\} \times B$ 在 $X \times Y$ 中的任意开邻域 N 都包含 $\{x_0\} \times B$ 的一个管形邻域，即存在 $\{x_0\}$ 的开邻域 U 以及 B 的开邻域 V，使得 $\{x_0\} \times B \subset U \times V \subset N$。

证明：对于任意 $(x_0, y) \in \{x_0\} \times B \subset N$，存在 X 中的开集 $U_{x_0}^y$ 及 Y 中的开集 V_y 使得 $(x_0, y) \in U_{x_0}^y \times V_y \subset N$。

因为 $B = \bigcup_{y \in B}\{y\} \subset \bigcup_{y \in B} V_y$，由 B 的紧性，存在 $y_1, \cdots, y_k \in B$ 使得 $B \subset V_{y_1} \cup \cdots \cup V_{y_k} =: V$。

设 $U = \bigcap_{i=1}^k U_{x_0}^{y_i}$，则 U 是开集且对任意 $1 \leq i \leq k$，都有 $x_0 \in U \subset U_{x_0}^{y_i}$，从而

$$N \supset \bigcup_y (U_{x_0}^y \times V_y) \supset \bigcup_{1 \leq i \leq k} (U_{x_0}^{y_i} \times V_{y_i}) \supset \bigcup_{1 \leq i \leq k} (U \times V_{y_i}) = U \times V。$$

注意，若 B 是非紧的，则很容易构造一个反例。

例如，在 $\mathbb{R} \times \mathbb{R}$ 中，我们有 $\{0\} \times \mathbb{R} \subset N = \{(x, y) \mid |xy| < 1\}$，但不存在 0 的开邻域 U 使得 $U \times \mathbb{R} \subset N$。

使用管形邻域引理的结论以及方法，可得到方形邻域引理。

（2）方形邻域引理

设 A 是 X 的紧子集，B 是 Y 的紧子集，则对 $A \times B$ 在 $X \times Y$ 中的任意开邻域 N，都存在 A 在 X 中的开邻域 U 以及 B 在 Y 中的开邻域 V，使得 $A \times B \subset U \times V \subset N$。

证明：对任意 $x_0 \in A$，由管形邻域引理，存在开集 U_{x_0} 和 V_{x_0} 使得 $\{x_0\} \times B \subset U_{x_0} \times V_{x_0} \subset N$。因为 A 是紧的，存在 $x_1, \cdots, x_m \in A$ 使得 $A \subset U_{x_1} \cup \cdots \cup U_{x_m} =: U$。令 $V = \bigcap_{i=1}^m V_{x_i}$，则 $B \subset V$ 且 V 是开集，而且 $A \times B \subset U \times V \subset \bigcup_{1 \leq i \leq m} (U_{x_i} \times V_{x_i}) \subset N$。

2）有限乘积空间的紧性

下面我们应用管形邻域引理证明乘积的紧性。

乘积的紧性

设 A 是 X 的紧子集，B 是 Y 的紧子集，则 $A \times B$ 是 $X \times Y$ 的紧子集。

证明：设 $\mathscr{W}$ 是 $A \times B$ 的任意开覆盖。对于任意 $x \in A$，由定义易知 $\{x\} \times B$ 是紧集，故存在 $W_1^x, \cdots, W_k^x \in \mathscr{W}$ 使得 $\{x\} \times B \subset W_1^x \cup \cdots \cup W_k^x$。根据管形邻域引理，在 X 中存在包含 x 的开集 U_x 使得 $U_x \times B \subset W_1^x \cup \cdots \cup W_k^x$。

因为 $\{U_x \mid x \in A\}$ 是 A 的开覆盖，由紧性，存在 $x_1, \cdots, x_m$ 使得 $A \subset U_{x_1} \cup \cdots \cup U_{x_m}$。

根据上面的讨论，对于 $1 \leqslant i \leqslant m$，我们已经找到 $W_1^{x_i}, \cdots, W_{k(i)}^{x_i} \in \mathscr{W}$ 使得 $U_{x_i} \times B \subset W_1^{x_i} \cup \cdots \cup W_{k(i)}^{x_i}$。因此 $A \times B \subset (U_{x_1} \cup \cdots \cup U_{x_m}) \times B \subset \bigcup\limits_{1 \leqslant i \leqslant m, 1 \leqslant j \leqslant k(i)} W_j^{x_i}$，即 $\{W_j^{x_i} \mid 1 \leqslant i \leqslant m, 1 \leqslant j \leqslant k(i)\}$ 是 $\mathscr{W}$ 的有限子覆盖。

由归纳法，我们立刻得到有限积的紧性。

若 $A_1, \cdots, A_k$ 分别是 $X_1, \cdots, X_k$ 中的紧集，则 $A_1 \times \cdots \times A_k$ 在 $X_1 \times \cdots \times X_k$ 中紧。

3）Tychonoff 定理

现在我们介绍点集拓扑学最重要、最有用的定理之一——Tychonoff 定理。

Tychonoff 定理

如果对任意 α，X_α 都是紧空间，则乘积空间 $(\prod_\alpha X_\alpha, \mathscr{T}_{product})$ 也是紧空间。

乍一看，Tychonoff 定理是反直觉的。紧性是一种广义的有限性，那么无限甚至不可数个拓扑空间的乘积怎么可能是紧的？仔细思考一下，会发现这也并不难理解。乘积拓扑是一个很弱的拓扑（使得投影映射连续的最弱的拓扑），而紧拓扑也是趋于偏弱的拓扑。从定义上看，生成乘积拓扑的子基元素 $\pi_\alpha^{-1}(U_\alpha)$ 具有很好的有限性，其仅在一个分量即 α 分量上要求元素落在集合 U_α 中，而对其他分量的元素没有任何限制。进一步地，基元素（作为子基元素的有限交）依然具有类似的有限性。作为对比，一般情况下，无限多空间的乘积空间在赋箱拓扑时不是紧致的，主要原因在于箱拓扑的开集太多，而箱拓扑的基元素不具有类似的有限性。

为了体会到无限乘积的紧性，我们先看两个可数无限乘积空间的例子。

回想一下，$X^{\mathbb{N}} = \prod\limits_{n \in \mathbb{N}} X = \{(a_1, a_2, \cdots) \mid a_i \in X\}$。$X^{\mathbb{N}}$ 上的乘积拓扑等同于 $\mathcal{M}(\mathbb{N}, X)$ 上的逐点收敛拓扑。

①取 $X = \{0, 2\}$，即仅含两点的集合，于是 $X^{\mathbb{N}}$ 是由 0 和 2 构成的序列所组成的空间。每个 0、2 序列都对应于在 Cantor 集的构造中出现的一个闭集降链，从而对应于 Cantor 集合中的一个点（我们也可以把该 0、2 序列通过实数的三进制表示对应于 [0, 1] 中的数，而这些数恰为落在 Cantor 集中的数）。可以证明乘积拓扑空间 $(\{0, 2\}^{\mathbb{N}}, \mathscr{T}_{product})$ 同胚于 Cantor 集 C。因此，无穷乘积拓扑空间 $(\{0, 2\}^{\mathbb{N}}, \mathscr{T}_{product})$ 是紧的。

②取 $X = [0, 1]$，于是 $X^{\mathbb{N}}$ 中的元素是由 [0, 1] 中的数所构成的数列 $a = (a_1, a_2, \cdots)$。下面我们利用对角线技巧，证明 $X^{\mathbb{N}}$ 是列紧的。

证明：考虑 $X^{\mathbb{N}}$ 中的一列元素 $a^1, a^2, \cdots$，其中 $a^n = (a_1^n, a_2^n, \cdots)$。因为 a_1^n 是 [0, 1] 中的一个数列，由 [0, 1] 的列紧性，存在点列 a^n 的子列 $a^{n(1,i)}$ 使得数列 $a_1^{n(1,i)}$ 收敛于某个实数 a_1^∞。继续对数列 $a_2^{n(2,i)}$ 用 [0, 1] 的列紧性，可知存在点列 $a^{n(1,i)}$ 的子列 $a^{n(2,i)}$，使得数列 $a_2^{n(2,i)}$ 收敛于某个实数 a_2^∞。继续这个过程，我们得到一个各元素都是点列的方阵

$$
\begin{array}{cccc}
a^{n(1,1)} & a^{n(2,1)} & a^{n(3,1)} & \cdots \\
a^{n(1,2)} & a^{n(2,2)} & a^{n(3,2)} & \cdots \\
a^{n(1,3)} & a^{n(2,3)} & a^{n(3,3)} & \cdots \\
\vdots & \vdots & \vdots & \ddots
\end{array}
$$

其中，每一列是左边列的子列。最后，取该方阵的对角线子列 $a^{n(i,i)}$。则由构造可知这是点列 (a^n) 在乘积拓扑（逐点收敛拓扑）下的收敛子列。

对于度量空间而言，列紧性与紧性是等价的。可数个紧度量空间的乘积空间，其乘积拓扑事实上是一个度量拓扑。因此，$X^{\mathbb{N}}$ 不仅是列紧的，而且是紧的。

因此，可数多个列紧空间的乘积（赋乘积拓扑）仍然是列紧的。

4）紧 vs 列紧

作为 Tychonoff 定理的推论，我们举例说明紧 $\Longleftrightarrow\!\!\!\!\!/\;$ 列紧。

①紧 $\Longrightarrow\!\!\!\!\!/\;$ 列紧：根据 Tychonoff 定理，$([0,1]^{[0,1]}, \mathscr{T}_{\text{product}}) = (\mathcal{M}([0,1],[0,1]), \mathscr{T}_{p.c.})$ 是紧空间。下证它不是列紧的。

证明：定义 $f_n : [0,1] \to [0,1]$ 为将 x 映射到其二进制表示中的第 n 位的映射。我们断言 f_n 没有收敛子列。事实上，对任意子列 f_{n_k}，如果取 $x_0 \in [0,1]$ 为这样的数，对每个 k，其二进制表示的第 n_{2k} 位为0而第 n_{2k+1} 位为1，则有 $f_{n_{2k}}(x_0) = 0$ 且 $f_{n_{2k+1}}(x_0) = 1$。因此，f_{n_k} 在 x_0 处不收敛，从而不是逐点收敛的。

②列紧 $\Longrightarrow\!\!\!\!\!/\;$ 紧：设 A 是 $(\mathcal{M}([0,1],[0,1]), \mathscr{T}_{p.c.})$ 的由仅在可数个点上非零的函数组成的子集，即 $A = \{f : [0,1] \to [0,1] \mid$ 仅对可数多 $x \in [0,1]$ 有 $f(x) \neq 0\}$。

下证 A 是列紧的但不是紧的。

证明：先说明 A 是列紧的。给定 A 中的任意点列 (f_n)，则集合 $S = \{x \mid \exists n$ 使得 $f_n(x) \neq 0\}$ 是可数集，而在研究函数列 f_n 的逐点收敛时，我们可以认为 $f_n \in [0,1]^S$。但是，$[0,1]^S$ 是列紧的。因此，f_n 具有收敛子列。

再说明 A 不是紧的。对任意 $t \in [0,1]$，如果我们记 $A_t := \{f \in A \mid f(t) = 1\}$，则 $\{A_t\}$ 是 A 中的一族闭集（因为赋值映射是连续的，而 $A_t = ev_t^{-1}(1)$），且 $\bigcap_{t \in [0,1]} A_t = \emptyset$。但对于任意有限个点 $t_1, \cdots, t_k \in [0,1]$，我们有 $\bigcap_{i=1}^{k} A_{t_i} \neq \emptyset$。所以，$A$ 不满足有限交性质，从而不是紧的。

2.2.2　Tychonoff 定理的证明

1）Tychonoff 定理的证明

根据定义，在 $\prod_\alpha X_\alpha$ 上的乘积拓扑 $\mathscr{T}_{\text{product}}$ 是由 $\mathcal{S} = \bigcup_\alpha \{\pi_\alpha^{-1}(U_\alpha) \mid U_\alpha \subset X_\alpha$ 是开集$\}$ 生成的。其中，$\pi_\alpha : \prod_\beta X_\beta \to X_\alpha$ 是典范投射。所以，使用 Alexander 子基定理来证明 Tychonoff 定理是自然的。

（1）Alexander 子基定理

$(X, \mathscr{T})$ 是紧的当且仅当 X 的任意子基覆盖具有有限子覆盖。

（2）Tychonoff 定理的证明

证明：设 $\mathscr{A}$ 是 $X = \prod_\alpha X_\alpha$ 的一个子基覆盖。换言之，$\mathscr{A}$ 形如 $\mathscr{A} = \{\pi_\alpha^{-1}(U) \mid U \in \mathscr{A}_\alpha\}$，其中，$\mathscr{A}_\alpha \subset \mathscr{T}_\alpha$ 是 X_α 中的一族开集。因为 $\mathscr{A}$ 是 $X = \prod_\alpha X_\alpha$ 的覆盖，所以存在 α_0

使得$\mathscr{A}_{\alpha_0}$是X_{α_0}的覆盖，否则

$$\forall \alpha, X_\alpha \setminus \bigcup_{U \in \mathscr{A}_\alpha} U \neq \emptyset \implies \prod_\alpha (X_\alpha \setminus \bigcup_{U \in \mathscr{A}_\alpha} U) \neq \emptyset$$
$$\implies \mathscr{A}\text{不是}X\text{的覆盖}$$

于是，由X_{α_0}的紧性，$\mathscr{A}_{\alpha_0}$具有有限子基覆盖$\{U_1, \ldots, U_m\}$。因此，$\{\pi_{\alpha_0}^{-1}(U_1), \cdots, \pi_{\alpha_0}^{-1}(U_m)\}$是$\mathscr{A}$的有限子基覆盖。所以，由Alexander子基定理，X是紧空间。

2）选择公理及其等价陈述

令人惊讶的是，Alexander子基定理的证明需要用到选择公理。

（1）选择公理

对于集合X的任意一个由非空子集构成的集族$\mathscr{A}$，都存在一个映射$f : \mathscr{A} \to X$，使得对任意$A \in \mathscr{A}$，都有$f(A) \in A$。这样的f被称为集族$\mathscr{A}$的一个选择函数。

在数学中，选择公理看起来像一个"双面怪兽"。一方面，使用选择公理，我们可以得到很多漂亮的结果；另一方面，选择公理也蕴含了很多违反直觉甚至匪夷所思的结果。

选择公理有许多等价的陈述方式，其中一些看起来非常反直觉，而另一些看起来是成立的。例如，我们在Tychonoff定理的证明过程中已经使用过选择公理的等价陈述——对于任意一族非空集合X_α，其笛卡尔积$\prod_\alpha X_\alpha$也是非空的。

选择公理的另外两个广泛使用的等价陈述是良序定理和Zorn引理。为了叙述它们，首先，我们需要了解上界与极大元。

（2）上界与极大元

设$(P, \preceq)$是一个非空偏序集。

①对于P的非空子集Q，若$c \in P$满足对于Q中的任意元素a，都有$a \preceq c$成立，则我们称c是Q的一个上界。类似地，我们可以定义下界的概念。

②如果$c \in P$且不存在P中的元素$b \neq c$使得$b \preceq c$，则我们称c是P中的极大元。类似地，我们可以定义极小元的概念。

（3）Zorn引理

设非空偏序集$(\mathcal{P}, \preceq)$的每个全序子集在$\mathcal{P}$中都有一个上界，则$\mathcal{P}$必有极大元。

从某种意义上说，Zorn引理是打包的超限归纳法。为了证明某个偏序集中极大元的存在性，一种做法是假设极大元不存在，然后用超限归纳法推出矛盾。而Zorn引理则将这个繁琐的过程（及其所需要的条件）打包在一起，成为一个便于使用的工具。

（4）良序集

设$(P, \preceq)$是一个全序集。

①若Q是P的子集，c是Q的一个上界且$c \in Q$，则我们称c是Q的最大元。类似地，我们可以定义最小元的概念。

②若P的任意非空子集都有最小元，则我们称P是良序集。

根据定义，$\mathbb{N}$（在标准序下）是良序集，但$\mathbb{Z}$在标准序下不是良序集。当然，不难在$\mathbb{Z}$上定义一个良序。但是，要想在实数集$\mathbb{R}$构造良序则是很困难的。事实上，选择公理最

初是在1904年由德国数学家、逻辑学家 Zermelo 引入的，其目的就是用选择公理这个无可非议的逻辑原理来证明任何集合都存在良序。

（5）良序定理

任意集合上都存在一个全序关系，使之成为一个良序集。

3）Alexander 子基定理的证明

我们只需要证明如果 X 的任意子基覆盖具有有限子覆盖，那么 X 是紧的。我们采用反证法。假设 X 不是紧的，但任意子基覆盖都具有有限子覆盖。我们通过 Zorn 引理构造一个没有有限子覆盖的子基覆盖。为此，我们令

$$\boxed{科} = \{\mathscr{A} \subset \mathscr{T} \mid \mathscr{A}\text{是}X\text{的开覆盖但没有有限子覆盖}\} \in 2^{2^{2^X}}$$

那么

①因为 X 不是紧的，$\boxed{科} \neq \varnothing$。

②集合间的包含关系 $\subset$ 是 $\boxed{科}$ 上的一个偏序。于是 $(\boxed{科}, \subset)$ 是一个非空偏序集。取 $\boxed{科}$ 的任意一个非空全序子集 $\textcircled{科}$，那么

a. $\mathscr{E} = \bigcup_{\mathscr{A} \in \textcircled{科}} \mathscr{A} \subset \mathscr{T}$。

b. $\mathscr{E}$ 是 X 的开覆盖。

c. $\mathscr{E}$ 是 $\textcircled{科}$ 的一个上界。

下证 $\mathscr{E} \in \boxed{科}$。如若不然，则存在 $\mathscr{E}$ 的有限子覆盖 $\{A_1, A_2, \cdots, A_n\}$。根据构造，$\exists \mathscr{A}_1, \cdots, \mathscr{A}_n \in \textcircled{科}$ 使得 $A_i \in \mathscr{A}_i$。因为 $\textcircled{科}$ 是全序集，$\exists k \in \{1, 2, \cdots, n\}$ 使得 $\mathscr{A}_i \preceq \mathscr{A}_k$，$\forall i \in \{1, 2, \cdots, n\}$。

因此，$A_1, \cdots, A_n \in \mathscr{A}_k$，即 $\mathscr{A}_k$ 具有有限子覆盖，矛盾。

所以由 Zorn 引理，$\boxed{科}$ 有最大元 $\mathscr{A}$。现在考虑子基 $\mathcal{S}$。我们断言 $\mathcal{S} \cap \mathscr{A}$ 是 X 的开覆盖。

让我们暂且假设断言成立。换句话说，我们得到了 X 的覆盖 $\mathcal{S} \cap \mathscr{A}$。一方面，因为 $\mathscr{A}$ 没有有限的子覆盖，这个覆盖不可能有有限的子覆盖。另一方面，因为它是一个子基覆盖，所以它一定有有限的子覆盖，矛盾。这样就完成了证明。

关于断言的证明：

对任意 $x \in X$，$\exists A \in \mathscr{A}$ 使得 $x \in A$。根据子基的定义，$\exists S_1, \cdots, S_m \in \mathcal{S}$ 使得 $x \in S_1 \cap \cdots \cap S_m \subset A$。下面我们证明 $\exists 1 \leqslant k \leqslant m$ 使得 $S_k \in \mathscr{A}$。这意味着 $S_k \in \mathcal{S} \cap \mathscr{A}$ 且 $x \in S_k$，从而完成了证明。

再次应用反证法。如若不然，则对 $\forall 1 \leqslant k \leqslant m$，$\mathscr{A} \prec \mathscr{A}_k := \mathscr{A} \cup \{S_k\}$。因为 $\mathscr{A}$ 是 $\boxed{科}$ 的最大元，我们有 $\mathscr{A}_k \notin \boxed{科}$，即 $\mathscr{A}_k$ 有有限子覆盖 $\{S_k, A_{k,1}, \cdots, A_{k,j(k)}\}$，其中每个 $A_{k,i} \in \mathscr{A}$。因此 $X = \bigcap_{k=1}^{m}(S_k \cup A_{k,1} \cup \cdots \cup A_{k,j(k)}) = (S_1 \cap \cdots \cap S_m) \cup \left(\bigcup_{k,j} A_{k,j}\right)$，因为 $(A \cup B) \cap (C \cup D) \subset (A \cap C) \cup B \cup D$。因此 $\{A, A_{k,j} \mid 1 \leqslant k \leqslant m, 1 \leqslant j \leqslant j(k)\}$ 是 $\mathscr{A}$ 的有限子覆盖，矛盾。

注：$\boxed{科}$ 是一个新字符，读音为 $w\breve{o}\ k\bar{e}$。在本书中，我们

①用 a, b, x 等小写字母来表示 X 中的元素；

②用 A, B, U 等大写字母表示 X 中的子集，即 2^X 中的元素；

③用花体大写字母 $\mathscr{A}$, $\mathscr{T}$ 等来表示 X 中的子集族，即 2^{2^X} 中的元素；

④创造字符来表示 X 中子集族的集合，即 $2^{2^{2^X}}$ 中的元素。

4）Tychonoff 定理 $\Longrightarrow$ 选择公理

在证明 Tychonoff 定理时，选择公理起到了重要作用。可能有人会问，是否可以不使用选择公理来证明 Tychonoff 定理？答案是否定的。事实上，不难证明 Tychonoff 定理蕴含了选择公理的等价陈述，从而 Tychonoff 定理等价于选择公理。

Kelley：Tychonoff 定理 $\Longrightarrow$ 选择公理

假设 Tychonoff 定理成立，则选择公理成立，即 $X_\alpha \neq \emptyset, \forall \alpha \Longrightarrow \prod_\alpha X_\alpha \neq \emptyset$。

证明：令 $\widetilde{X_\alpha} := X_\alpha \cup \{\infty_\alpha\}$，并赋予拓扑 $\widetilde{\mathscr{T}_\alpha} = \{\emptyset, X_\alpha, \{\infty_\alpha\}, \widetilde{X_\alpha}\}$，则 $\widetilde{X_\alpha}$ 是紧的。由 Tychonoff 定理，$X = \prod_\alpha \widetilde{X_\alpha}$ 在乘积拓扑下是紧的。注意，$\{\pi_\alpha^{-1}(X_\alpha)\}$ 是 X 中的一族闭集，且任意有限交

$$\pi_{\alpha_1}^{-1}(X_{\alpha_1}) \cap \pi_{\alpha_2}^{-1}(X_{\alpha_2}) \cap \cdots \cap \pi_{\alpha_k}^{-1}(X_{\alpha_k}) \supset X_{\alpha_1} \times \cdots \times X_{\alpha_k} \times \prod_{\alpha \neq \alpha_1, \cdots, \alpha_k} \{\infty_\alpha\}，即$$

$\{\pi_\alpha^{-1}(X_\alpha)\}$ 满足有限交性质。于是由 X 的紧性得 $\bigcap_\alpha \pi_\alpha^{-1}(X_\alpha) \neq \emptyset$。根据定义，$\cap_\alpha \pi_\alpha^{-1}(X_\alpha)$ 中的任意元素都是 $\prod_\alpha X_\alpha$ 的一个元素。

2.2.3 阅读材料：Tychonoff 定理的应用

我们在这里给出 Tychonoff 定理的几个非拓扑应用。

1）应用1：图染色

（1）图

在图论中，如图 2-1 所示，图 G 是指一个有序对 $G = (V, E)$，其中

① V 是一个集合，其中的元素被称为顶点。

② $E \subset V \times V$，其中的元素被称为边（可以是多重集）。

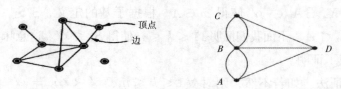

图2-1　图论中的图

（2）子图与染色

设 $G = (V, E)$ 是一个图。

①若图 $\widetilde{G} = (\widetilde{V}, \widetilde{E})$ 满足 $\widetilde{V} = V$，$\widetilde{E} \subset E$，则称 $\widetilde{G}$ 是 G 的一个子图。

②若子图 $\widetilde{G}$ 的边集 $\widetilde{E}$ 是有限集，则称之为一个有限子图。

③设 $k \in \mathbb{N}$。若映射 $f : V \to [k] := \{1, 2, \cdots, k\}$ 满足对任意边 $\overline{ab} \in E$，都有 $f(a) \neq$

$f(b)$，则称 f 为图 G 的一个 k-染色。

图的着色问题是图论里面最经典也最重要的问题之一。1951 年，荷兰数学家N. de Bruijn和匈牙利数学家 P. Erdös 应用超限归纳法证明了无限图的着色问题可以被划归为其有限子图的着色问题。我们这里给出由美国数学家 Gottschalk 发现的用 Tychonoff 定理的简单证明。

（3）de Bruijn-Erdös定理

设 G 是任意图（其中 V 可以是无限集），$k \in \mathbb{N}$。如果 G 的任意有限子图是 k-可染色的，则 G 是 k-可染色的。

证明：赋予 $[k] = \{1, 2, \cdots, k\}$ 离散拓扑并考虑乘积空间 $X := \prod_V [k] = \{f : V \to [k]\}$。因为 $[k]$ 是紧的，由 Tychonoff 定理知 X 也是紧的。对任意子集 $F \subset E$，我们定义 $X_F := \{f : V \to [k] \mid f \text{ 是 } (V, F) \text{ 的 } k\text{-染色}\}$。

我们首先注意到，如果 $F = \{\overline{ab}\}$，即仅仅含一条边的集合，则 X_F 是闭的，因为此时

$$X_{\{\overline{ab}\}} = \{f : V \to [k] \mid f(a) \neq f(b)\}$$
$$= \bigcup_{1 \leqslant i \neq j \leqslant k} \{f : V \to [k] \mid f(a) = i, f(b) = j\}$$
$$= \bigcup_{1 \leqslant i \neq j \leqslant k} (\pi_a^{-1}(i) \cap \pi_b^{-1}(j))$$

是闭集的有限并。进一步，由 $X_{F_1} \cap X_{F_2} = X_{F_1 \cup F_2}$ 可知对于任意 $F \subset E$，$X_F = \bigcap_{\overline{ab} \in F} X_{\overline{ab}}$ 是一族闭集的交集，从而依然是闭集。

下面考虑闭集族 $\mathscr{F} = \{X_F \mid F \subset E \text{ 是有限集}\}$。对于任意有限子族 $F_1, \cdots, F_m$，因为 $F_1 \cup \cdots \cup F_m$ 是有限集，我们有 $X_{F_1} \cap X_{F_2} \cap \cdots \cap X_{F_n} = X_{F_1 \cup \cdots \cup F_m} \neq \emptyset$。于是 $\mathscr{F}$ 满足任意有限交均非空这一性质。因为 X 是紧的，由紧集的有限交刻画，$\bigcap_{X_F \in \mathscr{F}} X_F \neq \emptyset$。根据定义，$\cap_{X_F \in \mathscr{F}} X_F$ 中的任意元素 f 都是 G 的一个 k-染色。

由证明过程不难发现，该定理可以被推广到每个顶点都有一个有限色集的情形。

2）应用2: $\mathbb{Z}$ 的子集中的等差数列

拓扑学也可以被用来研究组合数论中的问题。

（1）划分

设 S 是一个集合，我们称 S 的一个无交并分解 $S = S_1 \sqcup \cdots \sqcup S_c$ 为它的一个 c-划分。

换而言之，S 的一个 c-划分就是视 S 为一个边集为空集的图时，图 $(S, \emptyset)$ 的一个 c-着色。

（2）Van der Waerden 定理

对于任意正整数 c 和 k，存在 $N = N(c, k)$ 使得 $[N] = \{1, \cdots, N\}$ 的每个 c-划分 $[N] = S_1 \sqcup \cdots \sqcup S_c$ 中，都有一个子集 S_i 包含了一个长度为 k 的等差数列。

利用紧性，人们往往可以建立与有限系统的定量结果等价的相应的无限系统的定性

结果。

（3）Van der Waerden定理（无限定性版本）

对于自然数集的任意划分 $\mathbb{N} = S_1 \sqcup \cdots \sqcup S_c$，一定存在某个 S_j，使得对任意 $k \in \mathbb{N}$，S_j 都包含一个长度为 k 的等差数列。

我们利用紧性证明 Van der Waerden 定理与 Van der Waerden 定理（无限定性版本）是等价的。

Van der Waerden 定理 $\Longrightarrow$ Van der Waerden 定理（无限定性版本），这是显然的。

Van der Waerden 定理（无限定性版本）$\Longrightarrow$ Van der Waerden 定理。

证明：假设 Van der Waerden 定理（无限定性版本）成立但 Van der Waerden 定理不成立。换言之，存在 k 和 c，使得任意 $[n]$ 都有划分 $[n] = S_{n,1} \sqcup \cdots \sqcup S_{n,c}$，其中每个 $S_{i,j}$ 都不包含长度为 k 的等差数列。我们定义一列映射 $f_n : \mathbb{Z} \to [c]$，

$$f_n(i) = \begin{cases} j, & \text{若} 1 \leqslant i \leqslant n \text{且} i \in S_{n,j} \\ 1, & \text{若} i > n. \end{cases}$$

根据列紧空间的可数乘积依然列紧，f_n 有逐点收敛子列 $f_{n_l} \to f_\infty$。由映射 $f_\infty : \mathbb{N} \to [c]$ 可得 $\mathbb{N}$ 的一个 c-划分 $\mathbb{N} = S_{\infty,1} \sqcup \cdots \sqcup S_{\infty,c}$。根据 Van der Waerden 定理（无限定性版本），一定有某个 $S_{\infty,j}$ 包含一个长度为 k 的等差数列 $a_1, \cdots, a_k$。因为在 $[c]$ 上的拓扑是离散拓扑，对任意 i，存在 $m(i)$ 使得当 $l > m(i)$ 时有 $f_{n_l}(i) = f_\infty(i)$。取 $l = \max(m(a_1), \cdots, m(a_k), a_1 + \cdots + a_k)$，我们有 $f_{n_l}(i) = f_\infty(i), 1 \leqslant i \leqslant a_1 + \cdots + a_k$。根据映射 f_{n_l} 的定义，这意味着对于 n_l 的划分 $[n_l] = S_{n_l,1} \sqcup \cdots \sqcup S_{n_l,c}$ 中，$S_{n_l,j}$ 里面含有一个长度为 k 的等差数列，矛盾。

1977 年，Furstenberg 开创性地应用拓扑（遍历论）方法证明了 van der Waerden 定理的推广，Szemerédi 定理，并进一步用该方法给出了 Szemerédi 定理的多维推广。Furstenberg 的方法被总结为 Furstenberg 对应原理，即组合数论里面关于整数集合的大子集的结果与拓扑动力系统里面关于保测动力系统的大子集的结果之间的对应。下面我们介绍 van der Waerden 定理的对应的拓扑版本，并证明它跟上述数论版本的等价性。

（4）van der Waerden 定理（拓扑动力系统版本）

设 X 是紧拓扑空间，$T : X \to X$ 是同胚，而 $\{V_1, \cdots, V_c\}$ 是 X 的一个开覆盖。则 $\forall k \in \mathbb{N}, \exists n \in \mathbb{N}$ 和开集 $V \in \{V_1, \cdots, V_c\}$ 使得 $V \cap T^{-n}V \cap \cdots \cap T^{-(k-1)n}V \neq \emptyset$。

（5）Van der Waerden 定理（无限定性 $\mathbb{Z}$ 版本）

对于整数集的任意划分 $\mathbb{Z} = S_1 \sqcup \cdots \sqcup S_c$，一定存在某个 S_j，使得对任意 $k \in \mathbb{N}$，S_j 都包含一个长度为 k 的等差数列。

Van der Waerden 定理（无限定性 $\mathbb{Z}$ 版本）$\Longrightarrow$ Van der Waerden 定理（拓扑动力系统版本）

证明：取定一个点 $x_0 \in X$。定义映射 $f : \mathbb{Z} \to [c]$：若 $T^n(x_0) \in V_i$ 且对于任意 $j < i$，都有 $T^n(x_0) \notin T_j$，则令 $f(n) = i$。

由 Van der Waerden 定理（无限定性 $\mathbb{Z}$ 版本），存在 j 使得 $S_j = f^{-1}(j)$ 包含长度为 k 的算术级数 $m,\ m+n,\ m+2n,\ \cdots,\ m+(k-1)n$，即 $f(m+in) = j, 0 \leqslant i \leqslant k-1$。于是 $T^{m+in}(x_0) \in V_j, 0 \leqslant i \leqslant k-1$，从而 $T^m(x_0) \in V_j \cap T^{-n}V_j \cap \cdots \cap T^{-(k-1)n}V_j$。

Van der Waerden 定理（拓扑动力系统版本）$\Longrightarrow$ Van der Waerden 定理（无限定性 $\mathbb{Z}$ 版本）

证明：再次赋予 $[c]$ 离散拓扑。由 Tychonoff 定理，空间 $\widetilde{X} = \prod_{\mathbb{Z}}[c] = \{f : \mathbb{Z} \to [c]\}$ 是紧空间。注意到 $\mathbb{Z}$ 的任意 c-划分都对应 $\widetilde{X}$ 中的一个元素。

考虑 $\widetilde{X}$ 上的右移映射 $T : \widetilde{X} \to \widetilde{X}$，$T(f)(n) = f(n-1)$。则 T 是连续映射，因为我们有 $T^{-1}(\pi_n^{-1}(i)) = \pi_{n-1}^{-1}(i)$，而 $\{\pi_n^{-1}(i)\}$ 是 X 上的乘积拓扑的一个子基。类似地可以验证左移映射 T^{-1} 也是连续的。所以 T 是同胚。

设 $f \in \widetilde{X}$ 是与 Van der Waerden 定理（无限定性 $\mathbb{Z}$ 版本）中的划分所对应的映射。考虑 $\widetilde{X}$ 的闭子集 $X = \overline{\{T^n f \mid n \in \mathbb{Z}\}} = \overline{\{\cdots, T^{-2}f, T^{-1}f, f, Tf, T^2f, \cdots\}}$。由定义，$X$ 是紧拓扑空间 $\widetilde{X}$ 中的一个闭集，从而也是紧的。注意到 $T(X)$ 作为闭集在同胚映射下的像，是 $\widetilde{X}$ 的闭子集，而 $T(X) \supset \{T^n f \mid n \in \mathbb{Z}\}$，于是我们得到 $T(X) \supset X$。将 T 替换为 T^{-1}，同理可得 $T^{-1}(X) \supset X$。于是我们证明了 $T(X) = X$。由于 $T : X \to X$，作为同胚映射 $T : \widetilde{X} \to \widetilde{X}$ 在子空间 X 上的限制，是连续映射。同理 $T^{-1} : X \to X$ 连续，故 $T : X \to X$ 是同胚。

最后，对于每个 $i \in [c]$，我们令 $V_i = \{f \in \widetilde{X} \mid f(0) = i\} = \pi_0^{-1}(i)$。则 V_i 在 $\widetilde{X}$ 中是开集，且构成 X 的开覆盖。由 Van der Waerden 定理（拓扑动力系统版本），$\forall k \in \mathbb{N}$，$\exists n \in \mathbb{N}$ 和 $V_j \in \{V_i \mid 1 \leqslant i \leqslant c\}$ 使得 $(V_j \cap T^{-n}V_j \cap \cdots \cap T^{-(k-1)n}V_j) \cap X \neq \emptyset$。由于 $V_j \cap T^{-n}V_j \cap \cdots \cap T^{-(k-1)n}V_j$ 在 $\widetilde{X}$ 中是开集，而 $X = \overline{\{T^{-n}f \mid n \in \mathbb{Z}\}}$。所以存在 m 使得 $T^{-m}f \in V_j \cap T^{-n}V_j \cap \cdots \cap T^{-(k-1)n}V_j$ 即 $f \in T^m V_j \cap T^{m-n}V_j \cap \cdots \cap T^{m-(k-1)n}V_j$。因此 $f(m) = f(m-n) = \cdots = f(m-(k-1)n) = j$。换言之，$S_j$ 包含长为 k 的等差数列 $m,\ m-n,\ \cdots,\ m-(k-1)n$。

3）应用 3：Banach-Alaoglu 定理

第三个应用是泛函分析。回想一下，赋范向量空间是指向量空间 X 同时被赋予了范数结构，即函数 $\|\cdot\| : X \to [0, +\infty)$ 使得对任意 $x, y \in X$ 和任意 $\lambda \in \mathbb{C}$ 有

①$\|x\| \geqslant 0$，且 $\|x\| = 0 \Leftrightarrow x = 0$。

②$\|x + y\| \leqslant \|x\| + \|y\|$。

③$\|\lambda x\| = |\lambda|\|x\|$。

在任意赋范向量空间 $(X, \|\cdot\|)$ 上，容易验证 $d(x, y) := \|x - y\|$ 定义了一个度量结构。所以，我们总可以赋予 X 度量拓扑，并讨论连续映射。因此，我们记 $X^* := \{l : X \to \mathbb{C} \mid l$ 是连续的（复）线性映射$\}$。空间 X^* 也是线性空间，并且在 X^* 上面我们可以定义范数 $\|l\| := \sup_{\|x\|=1} |l(x)|$。新的赋范向量空间 $(X^*, \|\cdot\|)$ 称为 $(X, \|\cdot\|)$ 的对偶空间。它又是一个度量空间，所以我们可以讨论像闭单位球这样的概念 $\overline{B^*} := \{l \in X^* \mid \|l\| \leqslant 1\}$。

然而，在大多数应用中，赋范向量空间及其对偶空间是无限维的，因此，闭单位球相

对于通常的度量拓扑不是紧的。

当然，不紧的原因是度量拓扑太强，即包含太多的开集。在前文中我们分别在 X 和 X^* 上引入了两种更弱的拓扑——X 上的弱拓扑和 X^* 上的弱*拓扑。X 上的弱拓扑是使所有线性泛函 $l \in X^*$ 连续的最弱拓扑，而 X^* 上的弱*拓扑是使所有赋值映射 ev_x 连续的最弱拓扑。从定义很容易看出，如果我们将 X^* 视为 $\mathcal{M}(X, \mathbb{C})$ 的子集，则弱*拓扑是逐点收敛拓扑。由于 $\mathcal{M}(X, \mathbb{C})$ 上的逐点收敛拓扑可以等同于 $\mathbb{C}^X$ 上的乘积拓扑，因此不难猜到闭单位球 $\overline{B^*}$ 在弱*拓扑下是紧的。

Banach-Alaoglu 定理

设 X 是赋范向量空间，则对偶空间 X^* 中的闭单位球 $\overline{B^*}$ 在弱*拓扑下是紧的。

证明：将 X^* 中的闭单位球 $\overline{B^*}$ 与 $Z = \prod\limits_{x \in X} \{z \in \mathbb{C} \mid |z| \leqslant \|x\|\} \subset \mathbb{C}^X$ 中的闭子集等同起来，这里我们赋 Z 乘积拓扑，所以 Z 是紧空间。

我们可以视 X^* 为 $\mathcal{M}(X, \mathbb{C})$ 的子空间，因此只要 $l \in X^*$ 满足 $\|l\| \leqslant 1$，就可以等同于 Z 中的一个元素。反之，Z 中的一个元素 f 属于 X^* 中的闭单位球 $\overline{B^*}$ 当且仅当它是线性的，即对任意 $x, y \in X$ 和 $\lambda \in \mathbb{C}$，都有 $f(x + y) = f(x) + f(y)$ 且 $f(\lambda x) = \lambda f(x)$。换言之，$Z$ 中的元素 $f \in \overline{B^*}$ 当且仅当它属于集合

$$D = \{f \in Z \mid ev_{x+y}(f) = ev_x(f) + ev_y(f),\ ev_{\alpha x}(f) = \alpha ev_x(f),\ \forall x, y \in X, \forall \alpha \in \mathbb{C}\}$$

$$= \bigcap\limits_{x, y, \alpha} (ev_{x+y} - ev_x - ev_y)^{-1}(0) \cap (ev_{\alpha x} - \alpha ev_x)^{-1}(0)$$

由赋值映射的连续性，D 是 Z 中的一个闭子集。由于 Z 是紧的，所以 D 也是紧的。可以详细验证上面的等同是 $(\overline{B^*}, \mathcal{T}_{weak^*})$ 和 $(D, \mathcal{T}_{product})$ 之间的同胚。所以 $\overline{B^*}$ 在弱*拓扑下是紧的。

2.3 度量空间中的紧性

2.3.1 度量空间的拓扑与非拓扑性质

1）度量空间的一些拓扑性质

设 (X, d) 为度量空间，其上的度量拓扑 $\mathcal{T}_d$ 由基 $\mathcal{B} = \{B(x, r) \mid x \in X, r \in \mathbb{R}_{>0}\}$ 生成。与一般拓扑空间相比，度量空间有许多很好的性质。

①任意度量空间是第一可数的，因为对任意 $x \in X$，都存在可数邻域基 $\mathcal{B}_x = \{B(x, r) \mid r \in \mathbb{Q}_{>0}\}$。

由此我们得到

a. $F \subset X$ 是闭集当且仅当 F 包含其所有的序列极限点。

b. 对于任意拓扑空间 Y，映射 $f: X \to Y$ 是连续的当且仅当 f 是序列连续的。

②任意度量空间是 Hausdorff 的，因为对任意 $x \neq y \in X$，取 $\delta = d(x, y)/2 > 0$，则

$B(x, \delta) \cap B(y, \delta) = \emptyset$。

由此我们得到

a.度量空间中的紧集都是闭集。因此，任意单点集 $\{x\}$ 是闭集。

b.度量空间中的任意收敛点列有唯一的极限。

③由第一可数性以及 Hausdorff 性质可得度量空间 X 中的任何列紧集都是闭集。

证明：设 $F \subset X$ 是一个列紧集。则对 F 中的任意收敛点列 x_n，由 Hausdorff 性质可知 X 中有唯一的 x_0 使得 $x_n \to x_0$。由列紧性可知 $x_0 \in F$。于是 F 包含其所有序列极限点，故 F 是闭集。

注意，仅由第一可数性不能推出列紧集是闭集，比如 $(X, \mathscr{T}_{\text{trivial}})$ 是第一可数的且任意子集都是列紧集，但不必是闭集。

④事实上，在度量空间中，我们不仅可以通过不相交的开集分离不同的点，而且我们还可以通过不相交的开集分离不相交的闭集。

度量空间的正规性

对于度量空间 X 中的闭集 A, B，若 $A \cap B = \emptyset$，则存在 X 中的开集 U, V 使得 $A \subset U$，$B \subset V$ 且 $U \cap V = \emptyset$。

证明：根据度量空间中的 Urysohn 引理，存在连续函数 $f: X \to [0, 1]$ 满足在 A 上 $f = 0$ 而在 B 上 $f = 1$。因此，只要取 $U = f^{-1}((-\infty, 1/3))$ 和 $V = f^{-1}((2/3, +\infty))$ 即可。

这样用不交开集分离不交闭集的拓扑性质被称为正规性。

注：在本书中，我们还研究其他拓扑性质，例如紧性、第二可数性、连通性等。这些性质中大多数仅被一些度量空间满足，而不是所有拓扑空间的通有性质（但是仿紧性是所有度量空间都满足的）。

2）度量空间的度量方面：有界性

我们在前文中定义了度量空间 (X, d) 中子集的直径（以及有界性）的概念，$\text{diam}(A) = \sup\{d(x, y) \mid x, y \in A\}$ ($\leqslant +\infty$)。并说明了直径和有界性不是拓扑概念。如果将一个度量更改为另一个与之拓扑等价的度量，则直径可能会发生变化，有界集可能会变为无界集。然而，(X, d) 中的任何紧/列紧子集都是有界闭的。

证明：我们已经证明了度量空间中紧集/列紧集是闭集。如果 $A \subset X$ 是无界集，则取定任意一点 $x_0 \in X$，我们有

①$\{B(x_0, n)\}_n$ 是 A 的一个开覆盖，但没有有限子覆盖。

②A 中存在一列元素 x_n 满足 $d(x_n, x_0) \to \infty$，于是该序列没有收敛子列。

故任何无界集既不是紧的，也不是列紧的。反之，在度量空间中很容易找到非紧的有界闭子集。

例如：

①$(\mathbb{N}, d_{\text{discrete}})$ 在 $(\mathbb{N}, d_{\text{discrete}})$ 中是有界闭的，但不是紧的。

②$(\mathbb{R}, \frac{d}{d+1})$ 在 $(\mathbb{R}, \frac{d}{d+1})$ 中是有界闭的，但不是紧的。

③ $((0, 1], d_{\text{Euclidian}})$ 在 $((0, +\infty), d_{\text{Euclidian}})$ 中是有界闭的，但不是紧的。

因此，有界闭不是刻画度量空间紧性的等价条件。

3）度量空间的度量方面：完全有界性

在仔细研究了上面例子中的①和②之后，会发现它们是"坏"的有界空间。我们可以用少量半径较大的度量球（一个半径为2的球）来覆盖它们，但是我们不能用有限多个半径较小的度量球（半径为 $\frac{1}{2}$ 的球）来覆盖它们。例如，在②中，每个区间 $(n, n + 1)$ 相对于度量 $d/(d + 1)$ 的长度为 $\frac{1}{2}$。换句话说，当你用长的尺子测量这些"坏"空间时，它们是有界的，但当你用短的尺子测量它们时，它们是无界的。

（1）完全有界性

设 (X, d) 是度量空间。如果对任意 $\varepsilon > 0$，都存在有限多个半径为 ε 的球覆盖 X，则我们称 X 是完全有界的。

显然，任何完全有界的空间都是有界的，但反之则不然。

注：根据定义，度量空间 (X, d) 是完全有界的当且仅当对任意 $\varepsilon > 0$，存在有限集 $\{x_1, \cdots, x_{n(\varepsilon)}\}$ 满足 $\forall y \in X$，存在 $1 \leqslant i \leqslant n(\varepsilon)$ 使得 $d(x_i, y) < \varepsilon$。

（2）ε-网

设 N 是度量空间 (X, d) 中的一个点集。如果它满足 $\forall y \in X$，存在 $x \in N$ 使得 $d(x, y) < \varepsilon$，则我们称 N 为一个 ε-网。如果一个 ε-网是有限集，则我们称之为一个有限 ε-网。

（3）完全有界 $\Longleftrightarrow$ 有限 ε-网

一个度量空间 X 是完全有界的当且仅当对于任意 $\varepsilon > 0$，X 中都存在有限 ε-网。

事实上，对于度量空间，紧性蕴含完全有界性。

（4）紧性 $\Longrightarrow$ 完全有界性

如果度量空间 (X, d) 是紧的/列紧的，那么它是完全有界的。

证明：若度量空间 (X, d) 是紧的，那么它必然也是完全有界的，因为对于任意 $\varepsilon > 0$，集族 $\{B(x, \varepsilon) \mid x \in X\}$ 是 X 的开覆盖，必有一个有限的子覆盖。

若 (X, d) 是列紧的，反设存在 $\varepsilon > 0$ 使得 X 不能被有限多个 ε-球覆盖。任取 $x_1 \in X$。由于 $X \setminus B(x_1, \varepsilon) \neq \emptyset$，可以取到 $x_2 \in X \setminus B(x_1, \varepsilon)$。我们可以找到 $x_1, x_2, \cdots$ 使得 $x_n \in X \setminus \bigcup_{i=1}^{n-1} B(x_i, \varepsilon)$，$\forall n$。于是我们得到一个点列 $\{x_n\}$，满足 $d(x_n, x_m) > \varepsilon$，$\forall n \neq m$。所以 $\{x_n\}$ 没有收敛子列。矛盾。

4）度量空间的度量方面：Lebesgue 数引理

另一个非常有用的度量性质是所谓的 Lebesgue 数引理。对于欧氏空间中的紧集，我们在数学分析中已经学过该引理。现在我们将其推广到度量空间。

Lebesgue 数引理

如果 (X, d) 是列紧的，那么对于 X 的任意开覆盖 $\mathscr{U}$，存在 $\delta > 0$（取决于 $\mathscr{U}$），使得对于任意满足 $\text{diam}(A) < \delta$ 的子集 $A \subset X$，都存在 $U \in \mathscr{U}$ 使得 $A \subset U$。

证明：采用反证法。设 $\mathscr{U}$ 是 X 的开覆盖，且对于任意 $n \in \mathbb{N}$，存在 $C_n \subset X$ 满足 $\operatorname{diam}(C_n) < \frac{1}{n}$，但 C_n 不包含在任何 $U \in \mathscr{U}$ 中。我们在每个 C_n 中取一个点 x_n，从而得到 X 中的一个点列 $\{x_n\}$。由于 (X, d) 是列紧的，存在一个子列 $x_{n_k} \to x_0 \in X$。又因为 $\mathscr{U}$ 是 X 的开覆盖，所以可以找到 $U \in \mathscr{U}$ 使得 $x_0 \in U$。现在我们选取 $\varepsilon_0 > 0$ 使得 $B(x_0, \varepsilon_0) \subset U$，然后选取 n_k 使得 $\frac{1}{n_k} < \frac{\varepsilon_0}{2}$ 且 $d(x_{n_k}, x_0) < \frac{\varepsilon_0}{2}$。由此可得 $C_{n_k} \subset B(x_{n_k}, \frac{1}{n_k}) \subset B(x_0, \varepsilon_0) \subset U$，矛盾。

注：设 $\gamma: [0,1] \to X$ 是一个连续映射，$X = \bigcup_\alpha U_\alpha$ 是 X 的一个开覆盖。那么 $\gamma^{-1}(U_\alpha)$ 是 $[0,1]$ 的开覆盖。根据 Lebesgue 数引理，存在 $\delta > 0$ 使得每个区间 $[t, t+\delta]$ 都包含在某个 $\gamma^{-1}(U_\alpha)$ 中。

5）度量空间的度量方面：完备性

度量空间中，另一个非常有用的度量但非拓扑的概念是完备性。

（1）Cauchy列

设 $\{x_n\}$ 是度量空间 (X, d) 中的序列。如果对于任何 $\varepsilon > 0$，存在 $N > 0$ 使得 $d(x_n, x_m) < \varepsilon, \forall n, m > N$，则我们称 $\{x_n\}$ 为一个 Cauchy 列。

就像欧氏空间的情况一样，用三角不等式很容易证明度量空间 (X, d) 中的任意收敛列 (x_n) 都是 (X, d) 中的 Cauchy 列。但是，Cauchy 列可能不收敛，例如，在 $(0, 1)$ 中 $\frac{1}{2}, \frac{1}{3}, \cdots$ 是一个 Cauchy 列。

（2）完备性

如果度量空间 (X, d) 中的任意 Cauchy 列都是收敛的，则我们称 (X, d) 是完备的。

例如：

①$\mathbb{R}$ 和 $[0, 1]$ 关于 $d_{\text{Euclidean}}$ 是完备的，而 $\mathbb{Q}$ 和 $(0, 1)$ 不是完备的。

②泛函分析中那些最重要的度量空间，包括 Banach 空间、Hilbert 空间、Frechét 空间等都是完备的，因为完备性是发展分析理论的基石。

③考虑从集合 X 到完备度量空间 (Y, d_Y) 的全体有界映射构成的空间 $\mathcal{B}(X,Y) = \{f: X \to Y \mid f(X)$ 在 Y 中是有界的$\}$。赋予 $\mathcal{B}(X,Y)$ 上确界度量 $d_\infty(f,g) = \sup\{d_Y(f(x), g(x)) \mid x \in X\}$，则 $\mathcal{B}(X,Y), d_\infty(f,g))$ 是完备度量空间。

④对于任意度量空间 (X, d)，考虑 X 中所有 Cauchy 列组成的空间 $\mathcal{C} = \{(a_n) \mid (a_n)$ 是 (X, d) 中的 Cauchy 列$\}$。在 $\mathcal{C}$ 定义一个伪度量 $d_{\mathcal{C}}((a_n),(b_n)) := \lim\limits_{n\to\infty} d(a_n, b_n)$。伪度量空间 $(\mathcal{C}, d_{\mathcal{C}})$ 模去等价关系 $(a_n) \sim (b_n) \iff d_{\mathcal{C}}((a_n),(b_n)) = 0$ 后得到一个度量空间。可以验证，该空间是完备度量空间。

由于度量空间中的闭集都包含其所有序列极限点，而子度量空间中的任意 Cauchy 列自动是原空间中的 Cauchy 列。

（3）完备度量空间的闭子集完备

如果度量空间 (X, d) 是完备的，$F \subset X$ 是闭集，则子度量空间 (F, d) 也是完备的。

注：若 (X, d) 是完备度量空间，A 是 X 的子集，则 A 中的任意 Cauchy 列在 X 中有极限。上述性质告诉我们，可以把 X 缩小到 $\overline{A}$，而同样的性质依然成立。易见 $\overline{A}$ 是 X 中最小的满足该性质的子空

间，因为它是X子空间中最小的包含A的完备度量空间。

（4）完备化

设 (X, d) 是度量空间，$(\widehat{X}, \hat{d})$ 是完备度量空间。如果存在等距嵌入 $f: X \to \widehat{X}$ 使得 $\overline{f(X)} = \widehat{X}$，则我们称 $(\widehat{X}, \hat{d})$ 是 (X, d) 的一个完备化。

可以证明，任意度量空间都有（在等距同构意义下）唯一的完备化。

（5）任意度量空间都有唯一的完备化

任意度量空间 (X, d) 都有完备化 $(\widehat{X}, \hat{d})$，且在等距同构的意义下完备化是唯一的。

事实上，前文例中的③和④给了我们两种不同的构造给定度量空间完备化的方法。我们可以把任意度量空间 (X, d_X) 都等距嵌入完备度量空间 $(\mathcal{B}(X, \mathbb{R}), d_\infty)$ 中，或者等距嵌入到由 X 中 Cauchy 列组成的完备度量空间中。

我们将看到，紧度量空间都是完备的。

（6）列紧度量空间完备

若度量空间 (X, d) 是列紧的，则它是完备的。

证明：设 (X, d) 是一个列紧度量空间. 给定 X 中的任意 Cauchy 列 $\{x_n\}$，由列紧性可以找到 $\{x_n\}$ 的收敛子列 $\{x_{n_k}\}$。不妨设它收敛到 $x_0 \in X$。再根据 Cauchy 列的定义和三角不等式，易证 $x_n \to x_0$。

6）完备 = 绝对闭

我们知道，完备性是度量概念，但不是拓扑概念，因为 $(0, 1)$ 不完备而 $\mathbb{R}$ 完备。但是，我们依然可以从拓扑的角度来理解完备性。度量空间 $((0, 1], d)$ 是完全有界的，$(0, 1]$ 在 $(0, +\infty)$ 中是闭集。但是，如果我们将 $(0, 1]$ 等距嵌入另一个度量空间，比如 $\mathbb{R}$，那么 $(0, 1]$ 不再是闭集。

（1）绝对闭

我们称度量空间 (X, d_0) 是绝对闭的，如果它满足更强的闭性条件，对于任意度量空间 (Y, d)，若 $f: (X, d_0) \to (Y, d)$ 是一个等距嵌入，则 $f(X)$ 在 Y 中是闭集。(AC)

事实上，绝对闭并不是一个新概念。

（2）绝对闭 = 完备

一个度量空间是绝对闭的当且仅当它是完备。

证明：如果 (X, d_0) 满足绝对闭条件 (AC)，并且 $\{x_n\}$ 是 (X, d) 中的 Cauchy 列。则通过将 (X, d_0) 嵌入其完备化 $(\widehat{X}, \hat{d})$ 中并将像点与原像 $x \in X$ 等同起来，我们得出 $\{x_n\}$ 是 $(\widehat{X}, \hat{d})$ 中的一个 Cauchy 列。由于 $(\widehat{X}, \hat{d})$ 是完备的，x_n 收敛到唯一的 $\tilde{x} \in (\widehat{X}, \hat{d})$。但 (X, d) 在 $(\widehat{X}, \hat{d})$ 中是闭的，故 $\tilde{x} \in X$。所以 (X, d) 是完备的。

反之假设 (X, d) 是完备的，并且 (X, d) 可以等距嵌入 (Y, d_Y)。则作为 (Y, d_Y) 的子集，X 包含其所有序列极限点，因此在 (Y, d_Y) 中是闭的。

所以我们对度量空间的完备性有了新的解释——完备 = 作为子空间总是闭的。

注意到：

①任意等距嵌入一定是连续的映射。

②在连续映射下，紧/列紧集的像是紧/列紧的。

③度量空间中紧/列紧集都是闭集。

因此我们得出结论，任意紧/列紧的度量空间都是绝对闭的，即完备的。于是我们（再次）证明了若度量空间 (X, d) 是紧的或列紧的，则它是完备的。

2.3.2　度量空间中各种紧性的等价性

1）度量空间中极限点紧 $\Longleftrightarrow$ 列紧

对于一般拓扑空间而言，紧 $\Longrightarrow$ 极限点紧 $\Longleftarrow$ 列紧。

对于度量空间而言，极限点紧 $\Longleftrightarrow$ 列紧。

度量空间 (X, d) 是极限点紧的当且仅当它是列紧的。

证明：只需证明若 (X, d) 是极限点紧，则它是列紧的。设 $\{x_n\}$ 是 (X, d) 中的任意点列。如果集合 $A = \{x_n \mid n \in \mathbb{N}\}$ 是有限集，那么由鸽笼原理，$\{x_n\}$ 有一个常值子列 $x_{n_1} = x_{n_2} = \cdots = x_0$，这是我们正在需要的收敛子列。

现在假设集合 $A = \{x_n \mid n \in \mathbb{N}\}$ 是一个无限集，那么由极限点紧性，$A' \neq \varnothing$。取任意 $x_0 \in A'$。根据定义，对于任意 $k \in \mathbb{N}$，我们有 $B(x_0, 1/k) \cap (A \setminus \{x_0\}) \neq \varnothing$。事实上每个 $B(x_0, 1/k) \cap (A \setminus \{x_0\})$ 都是一个无限集。否则，如果存在 k 使得 $B(x_0, 1/k) \cap (A \setminus \{x_0\}) = \{x_{m_1}, \cdots, x_{m_k}\}$，则我们取 N 足够大使得 $1/N < \min(d(x_0, x_{m_k}))$。那么 $B(x_0, 1/N) \cap (A \setminus \{x_0\}) = \varnothing$，矛盾。所以我们可以找到 $n_1 < n_2 < \cdots$ 使得 $x_{n_k} \in B(x_0, 1/k)$。显然子列 $x_{n_k} \to x_0$。

在证明中，我们实际上只使用了度量空间的第一可数性和 Hausdorff 性质。稍微修改一下上面的证明，可以得到极限点紧 $\Longleftrightarrow$ 列紧。

如果拓扑空间 X 是 Hausdorff 并且第一可数的，那么在 X 中的子集是极限点紧的当且仅当它是列紧的。

2）列紧 $\Longleftrightarrow$ 完全有界且绝对闭

现在我们给出在 $\mathbb{R}^m$ 中紧 $\Longleftrightarrow$ 有界闭的正确推广。对于一般的度量空间，我们需要将闭替换为绝对闭并将有界替换为完全有界，即列紧 $\Longleftrightarrow$ 完全有界且绝对闭。

度量空间 (X, d) 是列紧的当且仅当它是完备的且完全有界的。

证明：我们已经证明，列紧的度量空间都是完备且完全有界的。现在假设 (X, d) 是完备且完全有界的，设 $\{x_n\} \subset X$ 是一个点列。因为 X 是完全有界的，我们可以用有限个半径为 1 的开球覆盖 X。那么在这个有限覆盖中存在一个球 B_1 使得指标集 $J_1 := \{n \in \mathbb{N} \mid x_n \in B_1\}$ 是一个无限集。接着我们用有限多个半径为 $\frac{1}{2}$ 的开球覆盖 X。在这个新的有限覆盖中再次存在一个球 B_2，使得指标集 $J_2 := \{n \in J_1 \mid x_n \in B_2\}$ 是一个无限集。继续这个构造，我们得到一个递降的指标序列 $\mathbb{N} \supset J_1 \supset J_2 \supset \cdots$，其中每个 J_k 是一个无限集，并且 $i, j \in J_k$ $\Longrightarrow d(x_i, x_j) < \frac{2}{k}$。最后我们取 $n_i \in J_i$ 使得 $n_1 < n_2 < \cdots$，则 $\{x_{n_i}\}$ 是 $\{x_n\}$ 的一个子列，

且是一个 Cauchy 列。由 (X, d) 的完备性，$\{x_{n_i}\}$ 收敛到某个点 $x_0 \in X$。所以 (X, d) 是列紧的。

3）度量空间中紧性的不同刻画的等价性

度量空间中各种紧性的等价性

在度量空间 (X, d) 中，以下紧性都是等价的。

① A 是紧的。

② A 是列紧的。

③ A 是极限点紧的。

④ A 是完全有界且完备的。

⑤ A 是可数紧的.

证明：我们已经看到 ① $\Longrightarrow$ ③ $\Longleftrightarrow$ ② $\Longleftrightarrow$ ④。由拓扑空间的各种紧性的特点可知 ② $\Longrightarrow$ ⑤ $\Longrightarrow$ ③。

下面证明在度量空间中 ② $\Longrightarrow$ ①。假设 $A \subset (X, d)$ 是列紧的，并且设 $\mathscr{U}$ 是 A 的任意开覆盖。一方面，根据 Lebesgue 数引理，存在一个 Lebesgue 数 $\delta > 0$，使得任何径小于 δ 的集合都可以被 $\mathscr{U}$ 中的开集所覆盖。另一方面，A 是完全有界的，因此可以被有限多个 $\frac{\delta}{2}$-球覆盖。由此可见 $\mathscr{U}$ 有一个有限的子覆盖。

注：我们将在后文中应用 Tietz 延拓定理给出度量空间中子集 A 的紧性的第 6 个等价刻画——A 是伪紧的，即任意连续映射 $f : A \to \mathbb{R}$ 是有界的。

于是，对于度量空间而言，表 2-1 中列出的各种紧性都是等价的，且等价于完全有界且一致闭。

2.4 映射空间的拓扑

2.4.1 一致收敛拓扑

1）$\mathcal{M}(X, Y)$ 上已知的 3 种拓扑

对于任意集合 X 以及任意拓扑空间 Y，我们考虑所有从 X 到 Y 的映射构成的空间 $\mathcal{M}(X, Y) = \{f : X \to Y\}$。作为集合，我们在 $\mathcal{M}(X, Y)$ 上可以定义离散拓扑、平凡拓扑、余有限/余可数拓扑等。下面我们研究跟 $\mathcal{M}(X, Y)$ 作为映射的集合时相关的拓扑。首先，作为映射的集合，我们有 $\mathcal{M}(X, Y) = Y^X$，于是由乘积结构我们得到该空间上的两种拓扑：

①乘积拓扑，即由子基 $\mathcal{S}_{\text{product}} = \left\{ \pi_x^{-1}\left(B^Y(y_x, r_x)\right) \,\middle|\, \forall x \in X, \forall y_x \in Y, \forall r_x > 0 \right\}$ 生成的拓扑。该拓扑也是 $\mathcal{M}(X, Y)$ 上的逐点收敛拓扑。

②箱拓扑，即由拓扑基 $\mathcal{B}_{\text{box}} = \left\{ \prod_{x \in X}\left(B^Y(y_x, r_x)\right) \,\middle|\, \forall y_x \in Y, \forall r_x > 0 \right\}$ 生成的拓扑。该拓扑在研究连续映射时并不方便。

当 Y 是度量空间时，Y 上的度量 d_Y 在 $\mathcal{M}(X, Y)$ 上诱导了一个度量 $d_u(f, g) :=$ $\displaystyle\sup_{x \in X} \frac{d_Y(f(x), g(x))}{1 + d_Y(f(x), g(x))}$，且 f_n 在 X 上一致收敛于 f 当且仅当 f_n 在 $(\mathcal{M}(X, Y), d_u)$ 中度量收敛于 f。

一致度量/拓扑

我们称 d_u 为 $\mathcal{M}(X, Y)$ 上的一致度量，而把由 d_u 诱导的度量拓扑 $\mathcal{T}_{u.c.}$ 称为 $\mathcal{M}(X, Y)$ 上的一致收敛拓扑。

于是对于度量空间 (Y, d)，映射空间 $\mathcal{M}(X, Y)$ 上有第三种自然的拓扑——一致收敛拓扑，即由度量 d_u 诱导的度量拓扑。

注：

①可以证明一致拓扑弱于箱拓扑，但强于乘积拓扑，且对于任何无限集 X 和非平凡的 Y，这 3 个拓扑是两两不同的。

②不难验证，一致度量 d_u 强等价于 $\overline{d}(f, g) := \displaystyle\sup_{x \in X} \min\{d_Y(f(x), g(x)), 1\}$。

③类似于 $\mathcal{B}(X, Y)$ 的完备性证明，若 Y 是完备度量空间，则 d_u 是 $\mathcal{M}(X, Y)$ 上的一个完备度量。

2）$\mathcal{C}(X, Y)$ 上的一致拓扑

现在假设 $(X, \mathcal{T})$ 是一个拓扑空间，而 Y 是一个度量空间，则我们可以讨论 $\mathcal{M}(X, Y)$ 中映射的连续性。因此，我们可以研究连续映射空间，$\mathcal{C}(X, Y) := \{f \in \mathcal{M}(X, Y) \mid f$ 是连续的$\}$。一般来说，$\mathcal{C}(X, Y)$ 不是 $(\mathcal{M}(X, Y), \mathcal{T}_{\text{product}})$ 中的闭集。但是，我们证明了连续映射列的一致极限是连续的。于是我们得到 $\mathcal{C}(X, Y)$ 是 $(\mathcal{M}(X, Y), d_u)$ 的闭子集。

作为推论，如果 X 是拓扑空间而 Y 是完备度量空间，则 $(\mathcal{C}(X, Y), d_u)$ 是完备度量空间。

注：若 X 是紧拓扑空间，则 $\mathcal{C}(X, Y) \subset \mathcal{B}(X, Y)$。在 $\mathcal{B}(X, Y)$ 上，我们有度量 $d_\infty(f, g) := \displaystyle\sup_{x \in X} |f(x) - g(x)|$。容易证明 d_u 和 d_∞ 在 $\mathcal{C}(X, Y)$ 上诱导了相同的拓扑。因此，在 d_u 下 $f_n \to f$ 当且仅当在 d_∞ 下 $f_n \to f$。故如果 X 是紧拓扑空间，在考虑 $\mathcal{C}(X, Y)$ 上的一致拓扑时，我们将使用 d_∞ 而不是 d_u，以使计算更简单一些。

3）$\mathcal{C}(X, Y)$ 上 3 种拓扑的缺点

我们想研究 $\mathcal{C}(X, Y)$ 中函数列的收敛性。然而，这 3 种拓扑皆不如人意。

例如：考虑 $X = Y = \mathbb{R}$ 的情况，则

①考虑乘积拓扑即逐点收敛拓扑：连续函数列 $f_n(x) = e^{-nx^2}$ 在 $\mathcal{T}_{p.c.}$ 下收敛到一个坏的极限函数，即不连续函数 $f_0(x) = \begin{cases} 1, & x = 0 \\ 0, & x \neq 0 \end{cases}$。

根本原因：逐点收敛拓扑太弱以至于不能保证收敛极限的连续性。

②考虑一致收敛拓扑和箱拓扑：连续函数列 $f_n(x) = x^2/n$ 在 $\mathcal{T}_{u.c.}$ 和 $\mathcal{T}_{\text{box}}$ 下不收敛，虽然它确实在逐点意义下收敛到一个很好的连续函数 $f_0(x) \equiv 0$。

根本原因：一致拓扑（和箱拓扑）太强以至于序列难以收敛。

我们希望在 $\mathcal{C}(X, Y)$ 上找到一个合理的拓扑，使得坏收敛列在这个拓扑中不再收敛，

而好收敛列仍然收敛。根据上面的分析，我们需要 $\mathcal{C}(X,Y)$ 上的一个新拓扑结构，它比 $\mathcal{T}_{u.c.}$ 要弱，但是收敛的连续函数列的极限在这个新拓扑下仍然是连续的。

连续性是局部的（强于点态而弱于整体）。逐点收敛是点态的，太弱。一致收敛是整体的，太强。应该采用局部的一致收敛。

例如，虽然 $f_n(x) = x^2/n$ 在 $\mathbb{R}$ 上并不一致收敛于 $f(x) = 0$，我们却有局部一致收敛性：对于任意 $[a,b] \subset \mathbb{R}$，$f_n(x) = x^2/n$ 在 $[a,b]$ 上一致收敛于 $f(x) = 0$。

2.4.2 紧收敛拓扑与紧开拓扑

1）紧收敛拓扑

设 X 是一个拓扑空间，(Y,d) 是一个度量空间。我们可以尝试在 $\mathcal{M}(X,Y)$ 上寻找一个描述在每个紧子集上一致收敛的拓扑。我们可以类比一下 $\mathcal{T}_{p.c.}$ 和 $\mathcal{T}_{u.c.}$ 的构造。

①描述在 X 上一致收敛的拓扑 $\mathcal{T}_{u.c.}$，其拓扑基的组成元素为度量球，即 $B(f;X;\varepsilon) = \{g \in \mathcal{M}(X,Y) \mid \sup_{x \in K} d(f(x), g(x)) < \varepsilon\}$。

②描述在 X 上逐点收敛，即在 X 的任意有限点集里一致收敛的拓扑 $\mathcal{T}_{p.c.}$，其拓扑基的组成元素为 $B(f;x_1,\cdots,x_m;\varepsilon) = \{g \in \mathcal{M}(X,Y) \mid \sup_{1 \le i \le m} d(f(x_i), g(x_i)) < \varepsilon\}$。

于是对于任意紧集 $K \subset X$ 和任意 $\varepsilon > 0$，我们自然引入集合 $B(f;K,\varepsilon) = \{g \in \mathcal{M}(X,Y) \mid \sup_{x \in K} d(f(x), g(x)) < \varepsilon\}$。

（1）紧收敛拓扑的基

设 X 为拓扑空间，Y 为度量空间，则集族 $\mathcal{B}_{c.c.} = \{B(f;K,\varepsilon) \mid f \in \mathcal{M}(X,Y), K 是 X$ 的紧子集，$\varepsilon > 0\}$ 是 $\mathcal{M}(X,Y)$ 的一个拓扑基，且它所生成的拓扑 $\mathcal{T}_{c.c.}$ 满足 f_n 在 X 的所有紧子集上一致收敛于 $f \Longleftrightarrow f_n$ 关于 $\mathcal{T}_{c.c.}$ 收敛于 f。

证明：集族 $\mathcal{B}_{c.c.}$ 是 $\mathcal{M}(X,Y)$ 的一个拓扑基，因为对于任意 $g \in B(f_1;K_1,\varepsilon_1) \cap B(f_2; K_2,\varepsilon_2)$，如果我们取 $\varepsilon_0 = \min(\varepsilon_1 - \sup_{x \in K_1} d(f_1(x), g(x)), \varepsilon_2 - \sup_{x \in K_2} d(f_2(x), g(x)))$，则有 $B(g; K_1 \cup K_2, \varepsilon_0) \subset B(f_1; K_1, \varepsilon_1) \cap B(f_2; K_2, \varepsilon_2)$。

拓扑 $\mathcal{T}_{c.c.}$ 满足上面所述的性质，因为 f_n 在每个紧子集 $K \subset X$ 上一致收敛于 f

$\Longleftrightarrow \forall \varepsilon > 0, \forall$ 紧集 $K \subset X, \exists N$ 使得 $\forall n > N$，都有 $\sup_{x \in K} d(f_n(x), f(x)) < \varepsilon$。

$\Longleftrightarrow \forall \varepsilon > 0, \forall$ 紧集 $K \subset X, \exists N$ 使得 $\forall n > N$，都有 $f_n \in B(f; K, \varepsilon)$。

$\Longleftrightarrow f_n$ 关于 $(\mathcal{M}(X,Y), \mathcal{T}_{c.c.})$ 收敛于 f。

（2）紧收敛拓扑

我们称由拓扑基 $\mathcal{B}_{c.c.}$ 生成的拓扑 $\mathcal{T}_{c.c.}$ 为 $\mathcal{M}(X,Y)$ 上的紧收敛拓扑。

根据定义，在 $\mathcal{M}(X,Y)$ 上我们总是有 $\mathcal{T}_{\text{product}} = \mathcal{T}_{p.c.} \subset \mathcal{T}_{c.c.} \subset \mathcal{T}_{u.c.}$。如果 X 是紧的，则 $\mathcal{T}_{c.c.} = \mathcal{T}_{u.c.}$。

对于任意子集 $A \subset X$，由定义易知限制映射 $r_A : \mathcal{M}(X,Y) \to \mathcal{M}(A,Y)$，$f \mapsto f|_A$ 关于 $\mathcal{T}_{p.c.}, \mathcal{T}_{c.c.}, \mathcal{T}_{u.c.}$ 都连续。

（3）限制的连续性

限制映射 $r_A : \mathcal{C}(X,Y) \to \mathcal{C}(A,Y)$，$f \mapsto f|_A$ 关于 $\mathscr{T}_{p.c.}$，$\mathscr{T}_{c.c.}$，$\mathscr{T}_{u.c.}$ 都是连续的。

证明：对 r_A 使用连续映射限制在子集上仍然连续的推论，我们得到 $r_A : \mathcal{C}(X,Y) \to \mathcal{M}(A,Y)$，$f \mapsto f|_A$ 是连续的。再次对 $f \in \mathcal{C}(X,Y)$ 应用以上推论，我们得到 $r_A(f) \in \mathcal{C}(A,Y)$。最后应用子空间的嵌入映射命题的推论即得欲证。

2）局部紧 Hausdorff 空间

假设 $f_n \in \mathcal{C}(X,Y)$ 且在 $\mathscr{T}_{c.c.}$ 下 $f_n \to f_0$。在每个紧子集 $K \subset X$ 上，f_n 一致收敛于 f_0，从而 f_0 在 K 上是连续的。我们能否就此断言 f_0 是连续的呢？换而言之，函数 f 在 X 的每个紧子集上连续是否意味着 f 在 X 上连续？很遗憾，答案是否定的。

例如，考虑拓扑空间 $(\mathbb{R}, \mathscr{T}_{\text{cocountable}})$。则 X 中仅有有限集是紧集，因为对于任意无限集合 A，取可数无穷点集 $\{x_1, x_2, \cdots\} \subset A$，则集族 $A \setminus \{x_n, x_{n+1}, \cdots\}$，$n \in \mathbb{N}$ 是 A 的开覆盖但没有有限子覆盖。显然，对于 $(\mathbb{R}, \mathscr{T}_{\text{cocountable}})$ 中的任意有限集，其子空间拓扑是离散拓扑。于是，定义 $(\mathbb{R}, \mathscr{T}_{\text{cocountable}})$ 上的任意映射限制在 $(\mathbb{R}, \mathscr{T}_{\text{cocountable}})$ 的任意紧子集上都是连续映射，但这样的映射在 $\mathbb{R}$ 上不必连续。

因为连续性是局部的，只要对于每个点，f 在该点的某个邻域里面连续，那么 f 就是连续映射。

（1）局部紧

如果拓扑空间 X 的每个点 $x \in X$ 都有一个紧邻域，即存在一个开集 U 和一个紧集 K 使得 $x \in U \subset K$，则我们称 X 是局部紧空间。

（2）局部紧 + 紧收敛 $\Longrightarrow$ 极限函数连续

若局部紧空间 X 上的连续函数列 f_n 在紧收敛拓扑下收敛于 f，则 f 是连续的。

在绝大部分应用中，局部紧空间也是 Hausdorff 的。注意，如果 X 是 Hausdorff 空间，那么 X 是局部紧的当且仅当 X 中的每个点存在一个开邻域 U 使得 $\overline{U}$ 是紧致的。我们把局部紧 Hausdorff 空间简称为 LCH 空间。

以下是 LCH 空间和非 LCH 空间的一些例子。

① 任意紧 Hausdorff 空间是 LCH 空间。

② $\mathbb{R}^n$ 是 LCH 空间。若 Hausdorff 拓扑空间 X 中任意一个点都有一个同胚于 $\mathbb{R}^n$ 的开邻域，则 X 是 LCH 空间。

局部欧氏空间

设 X 是拓扑空间。如果对于任意 $x \in X$，存在 x 的邻域 U 同胚于欧氏空间中的开球，则我们称 X 是一个局部欧氏空间。

③ $\mathbb{Q} \subset \mathbb{R}$ 和 $(\mathbb{R}, \mathscr{T}_{\text{Sorgenfrey}})$ 都不是 LCH 空间。

LCH 空间在分析中起着重要作用。例如：

a. $\mathbb{R}^n$ 上的实分析（测度理论和积分）可以扩展到一般的 LCH 空间。

b. 可以证明空间 $\mathbb{Q}_p$，即 p 进度量下 $\mathbb{Q}$ 的完备化，是一个 LCH 空间。因此，LCH 空间

上的分析在 p 进分析中非常有用。

在 LCH 空间上处理分析问题时，我们往往需要 LCH 中紧集与闭集的分离命题。

设 X 是 LCH 空间，K 是 X 中的紧集，U 是 X 中包含 K 的开集。那么存在开集 V 使得 $\overline{V}$ 是紧的，并且 $K \subset V \subset \overline{V} \subset U$。

证明：先证明特殊情况：$K = \{x\}$ 为单点集。由局部紧性，存在 x 的开邻域 W 使得 $\overline{W}$ 是 X 中的紧子集。令 $U_1 = U \cap W$，则 $\overline{U}_1 \subset \overline{W}$ 是紧集的闭子集，从而是紧集，若 $\overline{U}_1 = U_1$，则令 $V = U_1$ 即可。下设 $\overline{U}_1 \setminus U_1 \neq \emptyset$，则由 Hausdorff 性质，对于任意 $y \in \overline{U}_1 \setminus U_1$，存在开集 $V_y \ni x$ 以及开集 $U_y \ni y$ 使得 $V_y \cap U_y = \emptyset$。我们不妨假设 $V_y \subset U_1$，否则我们将 V_y 替换为 $Y_y \cap U_1$。因为 $\overline{U}_1 \setminus U_1$ 作为紧集 $\overline{U}_1$ 的闭子集，也是紧集，所以存在 $y_1, \cdots, y_k \in \overline{U}_1 \setminus U_1$ 使得 $U_{y_1}, \cdots, U_{y_k}$ 覆盖 $\overline{U}_1 \setminus U_1$。令 $V = V_{y_1} \cap \cdots \cap V_{y_k}$。则 V 是 x 的开邻域，且 $\overline{V} \subset \overline{V_{y_1}} \cap \cdots \cap \overline{V_{y_k}} \subset \overline{U}_1$ 是紧集的闭子集，从而是紧集。但根据构造，我们有

$$V \subset (U_{y_1} \cup \cdots U_{y_k})^c$$
$$\Longrightarrow \overline{V} \cap (U_{y_1} \cup \cdots U_{y_k}) = \emptyset$$
$$\Longrightarrow \overline{V} \cap (\overline{U}_1 \setminus U_1) = \emptyset_\circ$$

于是我们得到 $\overline{V} \subset U_1 \subset U$。于是 V 即为所求的集合。

对于一般的紧集 K，我们采用标准的紧性论证。由上面所证，对于每个 $x \in K$，均可找到开集 V_x 使得 $\overline{V_x}$ 是紧集，且 $\{x\} \subset V_x \subset \overline{V_x} \subset U$。由紧性，存在 $x_1, \cdots, x_m$ 使得 $V_{x_1}, \cdots, V_{x_m}$ 覆盖 K。于是 $V = V_{x_1} \cup \cdots \cup V_{x_m}$ 满足条件。

3）阅读材料：紧生成空间

局部紧条件保证了函数 f 在 X 的每个紧子集上连续 $\Longrightarrow f$ 在 X 上连续。但是，局部紧条件不是最一般的条件。

那么，X 满足什么条件时，函数 f 在 X 的每个紧子集上连续意味着 f 在 X 上连续？

设 V 是 Y 中的任何开集。那么我们想要的是 $f^{-1}(V)$ 在 X 中是开集，而我们已知的是对于 X 的每个紧子集 K，$f^{-1}(V) \cap K$ 在 K 中是开集。所以我们需要的条件是：

紧生成空间

如果拓扑空间 X 满足子集 $A \subset X$ 是开集当且仅当对于每个紧子集 K，$A \cap K$ 在 K 中是开集，则我们称 X 是紧生成空间。

显然，在上述条件中，我们可以将开集替换为闭集。

注：X 是紧生成的 $\Longleftrightarrow X$ 是所有紧子空间 $K \subset X$ 的拓扑并，其中每个紧子空间都带有子空间拓扑。

这解释了紧生成的名称——X 上的拓扑是由其所有紧子空间上的拓扑生成的。

通过以上分析，我们可以推广为命题紧收敛 + 紧收敛 $\Longrightarrow$ 极限函数连续。

如果 X 是紧生成的，$f_n \in \mathcal{C}(X, Y)$ 且 f_n 在 $\mathcal{T}_{c.c.}$ 下收敛到 f_0，则 $f_0 \in \mathcal{C}(X, Y)$。

显然，任何紧拓扑空间都是紧生成的。事实上，很多拓扑空间是紧生成的，例如：

①所有第一可数空间都是紧生成的。

②所有局部紧空间都是紧生成的。

③所有CW复形（代数拓扑中重要的拓扑空间）都是紧生成的。

4）紧开拓扑

紧收敛拓扑的定义中要求 Y 是度量空间。当 Y 只是拓扑空间时，$\mathcal{M}(X, Y)$ 无法定义紧收敛拓扑。但只要用标准的手段，即将度量球替换为开集，就不难定义拓扑空间版本的紧收敛拓扑。

（1）紧开拓扑

设 X, Y 为拓扑空间。对于任意紧的 $K \subset X$ 和开集 $V \subset Y$，我们记 $S(K, V) = \{f \in \mathcal{M}(X, Y) \mid f(K) \subset V\}$。我们称 $\mathcal{M}(X, Y)$ 上的由子基 $\mathcal{S}_{c.o.} = \{S(K, V) \mid K$ 是 X 的紧子集，V 是 Y 的开子集$\}$ 生成的拓扑 $\mathcal{T}_{c.o.}$ 为 $\mathcal{M}(X, Y)$ 的紧开拓扑。

我们只对 $\mathcal{C}(X, Y)$ 上的 $\mathcal{T}_{c.o.}$ 感兴趣，因为它在这个子空间中最有用。

例如，取 X 为单点集 $\{*\}$，那么 $\mathcal{C}(\{*\}, Y)$ 中的函数一一对应于 Y 中的点。换言之，作为集合，$\mathcal{C}(\{*\}, Y)$ 与 Y 是等同的。由紧开拓扑的定义，在上述等同下，拓扑空间 $(\mathcal{C}(\{*\}, Y), \mathcal{T}_{c.o.})$ 中的开集恰好一一对应 Y 中的开集。于是我们得到拓扑空间的同胚：$(\mathcal{C}(\{*\}, Y), \mathcal{T}_{c.o.}) \simeq (Y, \mathcal{T}_Y)$。

（2）度量空间

如果 Y 是一个度量空间，那么在 $\mathcal{C}(X, Y)$ 上有 $\mathcal{T}_{c.o.} = \mathcal{T}_{c.c.}$。

因此，对于度量空间 Y，$\mathcal{C}(X, Y)$ 上的紧收敛拓扑 $\mathcal{T}_{c.c.}$ 只依赖于 Y 上度量所生成的拓扑，而不依赖于拓扑等价的度量的选取。作为推论，若 X 是紧的，则 $\mathcal{C}(X, Y)$ 上由度量诱导的一致收敛拓扑 $\mathcal{T}_{u.c.}$ 与 Y 上拓扑等价的度量的选取无关。

下面我们考虑映射的复合。我们知道，连续映射的复合依然是连续映射，于是映射的复合就给出了一个从 $\mathcal{C}(X, Y) \times \mathcal{C}(Y, Z)$ 到 $\mathcal{C}(X, Z)$ 的映射。在考虑该复合映射的连续性时，我们需要在这些映射空间上赋予适当的拓扑。

（3）复合的连续性

设 X, Y 和 Z 是拓扑空间，其中 Y 是局部紧 Hausdorff 空间。赋予以下每个空间紧开拓扑，则复合映射 $\circ: \mathcal{C}(X, Y) \times \mathcal{C}(Y, Z) \to \mathcal{C}(X, Z)$，$(f, g) \mapsto g \circ f$ 是连续映射。

（4）赋值的连续性

设 X 为局部紧 Hausdorff 空间，Y 为任意拓扑空间。则当我们赋予 $\mathcal{C}(X, Y)$ 紧开拓扑时，赋值映射 $e: X \times \mathcal{C}(X, Y) \to Y$，$(x, f) \mapsto e(x, f) = f(x) \in Y$ 是连续的。

证明：我们可以将 X 与 $\mathcal{C}(\{*\}, X)$ 等同起来，将 Y 与 $\mathcal{C}(\{*\}, Y)$ 等同起来，此时赋值映射 e 恰好就是复合映射 $\circ: \mathcal{C}(\{*\}, X) \times \mathcal{C}(X, Y) \to \mathcal{C}(\{*\}, Y)$。

2.5 映射空间的紧性：Arzela-Ascoli定理

2.5.1 等度连续性

1）Arzela-Ascoli定理（经典版本）

给定一列连续映射，或者一族连续映射，能否在其中找到一个（一致）收敛到某个连续函数的子列？

例如，为了证明某个偏微分方程或变分问题的解的存在性，可以先尝试构造该问题的一列近似解。如果可以证明这一列近似解有一个收敛到某个很好的函数的子列，那么通常加上一些额外的工作，就可以证明这个极限函数实际上是一个真正的解。这种方法被称为紧性论证，其背景就是我们接下来要介绍的Arzela-Ascoli定理。

经典版本的Arzela-Ascoli定理是：

Arzela-Ascoli定理（经典版本）

设$\{f_n\} \in \mathcal{C}([0,1], \mathbb{R})$是一个连续函数列。

①如果函数列$\{f_n\}$是一致有界且等度连续的，则它有一致收敛子列。

②反之，如果函数列$\{f_n\}$的每个子列都有一个一致收敛子列，那么它是一致有界且等度连续的。

我们先回顾一下概念，我们称函数族$\mathcal{F} \subset \mathcal{C}([0,1], \mathbb{R})$是

①一致有界的，如果存在$M > 0$使得对任意$x \in [0,1]$和任意$f \in \mathcal{F}$，有$|f(x)| \leqslant M$。

②等度连续的，如果对任意$x_0 \in [0,1]$和任意$\varepsilon > 0$，存在$\delta > 0$使得对任意满足$|x - x_0| < \delta$的$x \in [0,1]$和任意$f \in \mathcal{F}$，都有$|f(x) - f(x_0)| \leqslant \varepsilon$。

不难看出，这两个条件是必要的：

①函数列$f_n(x) = n$是等度连续的，但没有收敛子列，因为它不是一致有界的（尽管该序列中的每个函数都是有界函数）。

②函数列$f_n(x) = x^n$在$[0,1]$上一致有界但在$\mathcal{C}([0,1], \mathbb{R})$中没有收敛子列，因为它在$x = 1$处不是等度连续的（尽管该序列中的每个函数在$x = 1$处都是连续的）。

2）等度连续性

等度连续性的概念不难推广到从拓扑空间X到度量空间Y的连续映射族。

（1）等度连续

设X为拓扑空间，(Y, d)为度量空间，$\mathcal{F} \subset \mathcal{C}(X, Y)$是一族连续映射。对于$x_0 \in X$，如果对于任意$\varepsilon > 0$，都存在$x_0$的开邻域$U$使得$d(f(x), f(x_0)) < \varepsilon$，$\forall x \in U, \forall f \in \mathcal{F}$，则我们称$\mathcal{F}$在$x_0$处等度连续。如果$\mathcal{F}$在任意点$x \in X$处都是等度连续的，则我们称这族映射是等度连续的。

等度连续性是度量性质，它弱于$(\mathcal{C}(X, Y), d_u)$的完全有界性。

（2）完全有界 $\Longrightarrow$ 等度连续

对于任意度量空间(Y, d)，$(\mathcal{C}(X, Y), d_u)$中的任何完全有界子集$\mathcal{F}$是等度连续的。

证明：对于任意 $x_0 \in X$ 和 $\varepsilon > 0$，我们需要找到一个 x_0 的开邻域 U 使得 $d(f(x), f(x_0)) < \varepsilon$，$\forall x \in U, \forall f \in \mathcal{F}$。由于 $\mathcal{F}$ 是完全有界的，所以在 $(\mathcal{C}(X,Y), d_u)$ 中存在 $\mathcal{F}$ 的有限 $\frac{\varepsilon}{3}$-网 $\{f_1, \cdots, f_n\}$。由于每个 f_k 是连续的，因此集合 $U = \bigcap_{k=1}^{n} f_k^{-1}\left(B\left(f_k(x_0), \frac{\varepsilon}{3}\right)\right)$ 是 x_0 的开邻域。对任意 $f \in \mathcal{F}$，根据我们的选取，存在 k 使得 $d_u(f, f_k) < \varepsilon/4$。因此，对任意 $x \in U$ 以及任意 $f \in \mathcal{F}$，$d(f(x), f(x_0)) \leqslant d(f(x), f_k(x)) + d(f_k(x), f_k(x_0)) + d(f_k(x_0), f(x_0)) < \varepsilon$。这就完成了证明。

为什么要引入等度连续族这么复杂的概念呢？我们知道逐点收敛拓扑刻画了映射在有限个点处的接近性，而紧收敛拓扑刻画了映射在紧集上的接近性。对于一个连续映射 f，要在紧集上逼近它，根据标准的紧性论证，只要在有限个点处足够逼近它就可以了，但这个用于逼近的有限点集一般而言是强烈依赖于 f 的。然而，若 $\mathcal{F} \subset \mathcal{C}(X,Y)$ 是等度连续族，由等度连续的定义，对于任意给定的紧集，我们可以为 $\mathcal{F}$ 中所有函数取同一个有限点集。换言之，等度连续让我们把整族函数在某个紧集上的接近性同时划归为在某个有限点集的接近性。

（3）等度连续族：$\mathscr{T}_{p.c.} = \mathscr{T}_{c.c.}$

设 $\mathcal{F} \subset \mathcal{C}(X,Y)$ 是等度连续族，则 $\mathscr{T}_{p.c.}$ 与 $\mathscr{T}_{c.c.}$ 限制在 $\mathcal{F}$ 上是相同的。

证明：因为我们总有 $\mathscr{T}_{p.c.} \subset \mathscr{T}_{c.c.}$，因此只要在 $\mathcal{F}$ 上证明相反的包含关系，即对于任意 $f_0 \in \mathcal{F}$ 和任意 $B(f_0; K, \varepsilon) \subset \mathcal{M}(X,Y)$，其中 $K \subset X$ 是紧集，我们需要证明存在 $(\mathcal{M}(X,Y), \mathscr{T}_{p.c.})$ 中的开集 U 使得 $f_0 \in U \cap \mathcal{F} \subset B(f_0; K, \varepsilon) \cap \mathcal{F}$。 　　　　（2.5.1）

由等度连续的定义，对于任意 $\varepsilon > 0$ 以及 $x_0 \in K$，存在 x_0 的开邻域 U_0 使得 $d(f(x), f(x_0)) < \frac{\varepsilon}{3}$，$\forall x \in U_0, \forall f \in \mathcal{F}$。因为 K 是紧集，存在有限多个点 $x_1, \cdots, x_n$ 以及 X 中覆盖 K 的开集 $U_1, \cdots, U_n$ 使得 $d(f(x), f(x_i)) < \frac{\varepsilon}{3}$，$\forall x \in V_i, \forall f \in \mathcal{F}$。我们取 U 为集合 $U = \omega(f_0; x_1, \cdots, x_n; \varepsilon) = \left\{ g \in \mathcal{M}(X,Y) \mid d(g(x_i), f_0(x_i)) < \frac{\varepsilon}{3}, 1 \leqslant i \leqslant n \right\}$。

易验证对于 U，（2.5.1）成立。设 $f \in U \cap \mathcal{F}$。对于任意 $x \in K$，取 i 使得 $x \in U_i$。则 $d(f(x), f_0(x)) \leqslant d(f(x), f(x_i)) + d(f(x_i), f_0(x_i)) + d(f_0(x_i), f_0(x)) < \varepsilon$。即 $f \in B(f_0; K, \varepsilon)$。

3）等度连续族的闭包

我们知道一族连续映射在逐点收敛拓扑下的极限点不必是连续映射，即 $\mathcal{C}(X,Y)$ 在 $(\mathcal{M}(X,Y), \mathscr{T}_{p.c.})$ 中不是闭集。然而，等度连续族 $\mathcal{F}$ 里的映射在逐点收敛拓扑下的极限点一定是连续映射。

等度连续族的闭包等度连续

设 $\mathcal{F} \subset \mathcal{C}(X,Y)$ 是等度连续的，那么 $\mathcal{F}$ 在 $\mathcal{M}(X,Y)$ 中关于 $\mathscr{T}_{p.c.}$ 的闭包 $\mathcal{K}$ 是等度连续的。因此，$\mathcal{K} \subset \mathcal{C}(X,Y)$。

证明：对于任意 $x_0 \in X$ 和 $\varepsilon > 0$，我们需要一个 x_0 的开邻域 U 使得 $d(g(x), g(x_0)) < \varepsilon$，$\forall x \in U, \forall g \in \mathcal{K}$。 　　　　（2.5.2）

由 $\mathcal{F}$ 的等度连续性，我们可以找到 x_0 的开邻域 U 使得 $d(f(x), f(x_0)) < \frac{\varepsilon}{3}$，$\forall x \in U$，$\forall f \in \mathcal{F}$。为了证明 (2.5.2) 对于 U 成立，我们任取 $g \in \mathcal{K}$，$x \in U$ 并记 $V = \omega(g; x, x_0; \frac{\varepsilon}{3})$，那么 V 是 $(\mathcal{M}(X, Y), \mathcal{T}_{p.c.})$ 中 g 的一个开邻域。因为 $g \in \mathcal{K}$ 且 $\mathcal{K}$ 是 $\mathcal{F}$ 在 $(\mathcal{M}(X, Y), \mathcal{T}_{p.c.})$ 中的闭包，我们有 $V \cap \mathcal{F} \neq \emptyset$ 任取 $f \in V \cap \mathcal{F}$，我们得到 $d(g(x), g(x_0)) \leqslant d(g(x), f(x)) + d(f(x), f(x_0)) + d(f(x_0), g(x_0)) < \varepsilon$。这就证明了 (2.5.2)，从而证明了 $\mathcal{K}$ 的等度连续性。

2.5.2　Arzela-Ascoli 定理（一般版本）

1）Arzela-Ascoli 定理（一般版本）

为了陈述一般版本的 Arzela–Ascoli 定理，我们需要先引入几个定义。

（1）预紧

设 A 是拓扑空间 X 的子集。若 $\overline{A}$ 是紧的，则我们称 A 为预紧的（或相对紧的）。

为简单起见，对于任意映射族 $\mathcal{F} \subset \mathcal{C}(X, Y)$，我们令 $\mathcal{F}_a = \{f(a) \mid f \in \mathcal{F}\}$。我们引入逐点有界/预紧的定义。

（2）逐点有界/预紧

设 $\mathcal{F} \subset \mathcal{C}(X, Y)$ 是一个连续映射族。

①如果对于每个 $a \in X$，$\mathcal{F}_a$ 是 Y 中的有界集，则我们称 $\mathcal{F}$ 逐点有界。

②如果对于每个 $a \in X$，$\mathcal{F}_a$ 是 Y 中的预紧集，则我们称 $\mathcal{F}$ 逐点预紧。

（3）Arzela-Ascoli 定理（一般形式）

设 X 是拓扑空间，(Y, d) 是度量空间，$\mathcal{F}$ 是 $\mathcal{C}(X, Y)$ 的子集，赋有紧收敛拓扑 $\mathcal{T}_{c.c.}$。

①若 $\mathcal{F}$ 等度连续且逐点预紧，则 $\mathcal{F}$ 在 $(\mathcal{C}(X, Y), \mathcal{T}_{c.c.})$ 中的闭包是紧集。

②如果 X 是局部紧 Hausdorff 空间，则逆命题也对。

注意，在上述一般形式的 Arzela-Ascoli 定理中，结论非常弱，因为一般来说紧收敛拓扑 $\mathcal{T}_{c.c.}$ 不一定是度量拓扑，从而紧性并不蕴含列紧性。因此，对于等度连续且逐点预紧的序列，我们甚至不能得出收敛子列存在的结论。

但是，如果 X 是紧的并且 Y 是度量空间，那么在 $\mathcal{C}(X, Y)$ 上 $\mathcal{T}_{c.c.} = \mathcal{T}_{u.c.}$。由于 $\mathcal{T}_{u.c.}$ 是一个度量拓扑，紧性确实蕴含列紧性。

（4）紧空间上的映射的 Arzela-Ascoli 定理

设 X 是紧空间，(Y, d) 是一个度量空间，而 $\mathcal{F} \subset \mathcal{C}(X, Y)$ 是一个等度连续且逐点预紧的子集。则 $\mathcal{F}$ 中的任何序列都有子列在 X 中一致收敛到某个连续映射。

因为在 $\mathbb{R}^n$ 中，一个集合是预紧的当且仅当它是有界的，我们得到紧空间上多元函数的 Arzela-Ascoli 定理。

设 X 是紧空间，$\mathcal{F} \subset \mathcal{C}(X, \mathbb{R}^n)$ 是等度连续且逐点有界的子集。那么 $\mathcal{F}$ 中的任意序列都有子列在 X 上一致收敛到某个连续函数。

Arzela-Ascoli 定理在分析学中应用广泛。例如：

①泛函分析：Frechet-Kolmogorov-Riesz 紧性定理。

②偏微分方程：Sobolev 嵌入等。

③常微分方程：Peano 存在性定理。

④复分析：Montel 定理。

⑤调和分析/Lie 理论：Peter–Weyl 定理。

2）Arzela–Ascoli 定理（一般形式）的证明

现在我们来证明 Arzela–Ascoli 定理（一般形式）。尽管该定理是关于紧收敛拓扑 $\mathscr{T}_{c.c.}$ 的，但我们在证明中也需要使用逐点收敛拓扑 $\mathscr{T}_{p.c.}$ 和一致收敛拓扑 $\mathscr{T}_{u.c.}$。

我们先简要解释一下证明思路：我们想要证明 $\mathcal{F}$ 在 $(\mathcal{C}(X, Y), \mathscr{T}_{c.c.})$ 中的闭包是紧集。但是 $(\mathcal{M}(X, Y), \mathscr{T}_{c.c.})$ 中子集的紧性并不好证，关键的观察是：

①对于等度连续族，$\mathscr{T}_{c.c.}$ 和 $\mathscr{T}_{p.c.}$ 是一致的。

②$\mathcal{F}$ 在 $(\mathcal{C}(X, Y), \mathscr{T}_{p.c.})$ 中的闭包就是 $\mathcal{F}$ 在 $(\mathcal{M}(X, Y), \mathscr{T}_{p.c.})$ 中的闭包。在 $(\mathcal{M}(X, Y), \mathscr{T}_{p.c.})$ 中证明紧性可以应用强大的 Tychonoff 定理。

证明：

①我们记 $\mathcal{K} = \overline{\mathcal{F}^{p.c.}}$，即 $\mathcal{F}$ 在 $(\mathcal{M}(X, Y), \mathscr{T}_{p.c.})$ 中的闭包。记 $\mathcal{F}_a$ 在 Y 中的闭包为 K_a。根据假设，K_a 是紧集，并且因为 Y 是度量空间（从而是 Hausdorff 空间），K_a 是闭集。所以 $\prod\limits_{a \in X} K_a = \bigcap\limits_{a \in X} \pi_a^{-1}(K_a)$ 在 $(\mathcal{M}(X, Y), \mathscr{T}_{p.c.})$ 中既是紧集（根据 Tychonoff 定理），也是闭集。因为 $\mathcal{F} \subset \prod\limits_{a \in X} \mathcal{F}_a \subset \prod\limits_{a \in X} K_a$，其闭包 $\mathcal{K}$，作为紧集 $\prod\limits_{a \in X} K_a$ 中的一个闭子集，在 $(\mathcal{M}(X, Y), \mathscr{T}_{p.c.})$ 中是紧集。根据等度连续族的闭包等度连续，$\mathcal{K}$ 是等度连续的。在 $\mathcal{K}$ 上 $\mathscr{T}_{p.c.}$ 和 $\mathscr{T}_{c.c.}$ 两个拓扑是相同的。于是 $\mathcal{K}$ 也是 $\mathcal{F}$ 在 $(\mathcal{M}(X, Y), \mathscr{T}_{c.c.})$ 中的闭包，并且也是紧集。

②现在假设 X 是 LCH 空间，且 $\mathcal{F}$ 在 $\mathcal{C}(X, Y)$ 中的闭包 $\mathcal{K}$ 是紧的。我们将证明 $\mathcal{K}$ 是等度连续的，且每个 $\mathcal{K}_a$ 是紧的，这蕴含了 $\mathcal{F}$ 是等度连续且逐点预紧的（因为每个 $\overline{\mathcal{F}_a}$ 都是 $\mathcal{K}_a$ 中的闭子集）。

$\mathcal{K}_a$ 的紧性来自推论赋值的连续性：$\mathcal{K}_a$ 是紧集 $\mathcal{K}$ 在连续映射

$$\mathcal{C}(X, Y) \xrightarrow{\ j_a\ } X \times \mathcal{C}(X, Y) \xrightarrow{\ e\ } Y$$
$$f \mapsto (a, f) \mapsto f(a)$$

下的像，因此是紧的，其中 j_a 是嵌入映射 $j_a(f) := (a, f)$。为了证明在任意 $x \in X$ 处 $\mathcal{K}$ 的等度连续性，我们取 x 的紧邻域 A。则只需证明 $\mathcal{K}_A := \{r_A(f) \mid f \in \mathcal{K}\}$ 在 x 处是等度连续的，其中 $r_A : \mathcal{C}(X, Y) \to \mathcal{C}(A, Y)$ 是限制映射。r_A 是连续的，于是 $\mathcal{K}_A = r_A(\mathcal{K})$ 在 $\mathcal{C}(A, Y)$ 中是紧的。又由于 A 是紧的，$\mathcal{C}(A, Y)$ 上的紧收敛拓扑与一致收敛拓扑是相同的。换言之，$\mathcal{C}(A, Y)$ 上的紧收敛拓扑是度量拓扑。所以，$\mathcal{C}(A, Y)$ 中 $\mathcal{K}_A$ 的紧集关于 d_u 是完全有界的。最后根据完全有界 $\Longrightarrow$ 等度连续，$\mathcal{K}_A$ 是等度连续的。这就完成了证明。

3）局部紧且 σ-紧空间上的映射的 Arzela–Ascoli 定理

对于局部紧空间，每个点都有紧邻域。显然，如果映射族 $\mathcal{F}$ 是等度连续/逐点预紧的，那么它在这样一个紧邻域上的限制也是等度连续/逐点预紧的。因此，如果 X 是局部紧的，那么对于任意等度连续且逐点预紧的序列 $\{f_n\}$，以及任意点 x，存在 x 的紧邻域使得 $\{f_n\}$ 在该紧邻域上有一致收敛子列。不幸的是，这还不足以证明序列 $\{f_n\}$ 关于 $\mathscr{T}_{c.c.}$ 具有收敛子列，因为在 X 中可能存在太多紧子集。然而，如果我们假设 X 可以写成可数个紧子集的并集，那么我们就可以应用标准的对角化技巧来提取一个子列，该子列在每个紧子集上（一致）收敛。

（1）σ 紧

如果拓扑空间 X 可以写成可数个紧子集的并集，则我们称 X 是 σ-紧的。

（2）局部紧且 σ- 紧空间上的映射的 Arzela–Ascoli 定理

设 X 为局部紧且 σ- 紧空间，(Y, d) 为度量空间。设 $\mathcal{F} \subset \mathcal{C}(X, Y)$ 是等度连续且逐点预紧的子集。那么 $\mathcal{F}$ 中的任意序列都有一个子列，在 X 的任意紧集上一致收敛到某个极限映射 $f \in \mathcal{C}(X, Y)$。

2.5.3 阅读材料：Blaschke 选择定理

1）一些凸几何

我们给出一个凸几何中的应用。回想一下，子集 $A \subset \mathbb{R}^n$ 是凸的当且仅当 $x, y \in A \Longrightarrow (1 - \lambda)x + \lambda y \in A$，$\forall 0 \leqslant \lambda \leqslant 1$。下面我们考虑 $\mathfrak{C}(\mathbb{R}^n) = \mathbb{R}^n$ 中所有非空紧凸子集构成的集族。注意，$\mathfrak{C}(\mathbb{R}^n)$ 是 $\mathscr{C}(\mathbb{R}^n) = \mathbb{R}^n$ 中所有非空紧子集构成的集族的子集。我们在 $\mathfrak{C}(\mathbb{R}^n)$ 上定义了所谓的 Hausdorff 度量 $d_H(A_1, A_2) := \inf\{r \mid A_1 \subset B(A_2, r)$ 且 $A_2 \subset B(A_1, r)\}$，其中 $B(A, r) := \cup_{x \in A} B(x, r)$。所以，$\mathfrak{C}(\mathbb{R}^n)$ 是一个度量空间。

（1）支撑函数

设 $A \subset \mathbb{R}^n$ 为紧凸集。我们称函数 $h_A : \mathbb{R}^n \to \mathbb{R}$，$h_A(v) = \sup\limits_{x \in A} \langle x, v \rangle$ 为 A 的支撑函数，其中 $\langle \cdot, \cdot \rangle$ 是标准的欧氏内积。

事实上，支撑函数刻画了紧凸集 A。

（2）支撑函数的性质

对于任意紧凸集 $A \subset \mathbb{R}^n$，支撑函数 h_A 是连续函数，并且是正齐次的和次可加的，即存在 $\alpha > 0$ 使得对于任意 $v, v_1, v_2 \in \mathbb{R}^n$，我们有 $h_A(\alpha v) = \alpha h_A(v)$ 和 $h_A(v_1 + v_2) \leqslant h_A(v_1) + h_A(v_2)$。反之，对于任意连续的、正齐次的和次可加的函数 h，都存在唯一的一个紧凸域 A 使得 $h = h_A$。

因此，支撑函数是凸几何中一个非常重要的工具。它将几何形状的问题转化为连续函数的问题。事实上，两个紧集之间的 Hausdorff 距离可以通过它们的支撑函数来计算。注意，根据正齐次性，每个 h_A 都由其限制 $\tilde{h}_A = h_A|_{S^{n-1}} : S^{n-1} \to \mathbb{R}$ 唯一确定。这是 S^{n-1} 上的一个连续函数。

（3）Hausdorff 距离 = 一致度量距离

对于 $\mathbb{R}^n$ 中的任意两个紧集 A 和 B，$d_H(A, B) = d_u(\tilde{h}_A, \tilde{h}_B)$，其中 d_u 是 $\mathcal{C}(S^{n-1}, \mathbb{R})$ 上的一致度量。

（4）支撑函数的控制

假设 $A \subset \overline{B(0, R)}$，那么对于任意 $u, v \in \mathbb{R}^n$，我们有 $|h_A(u) - h_A(v)| \leqslant R|u - v|$。

2）Blaschke 选择定理

下面我们应用 Arzela–Ascoli 定理证明凸几何中重要的 Blaschke 选择定理。

Blaschke 选择定理

对于任意 $R > 0$，包含在 $B(0, R)$ 中的所有非空紧凸子集的集族关于拓扑 $\mathscr{T}_{d_H}$ 是紧集。因此，任何有界紧凸集列都有一个在度量 d_H 下收敛到某个紧凸集的子列。

Blaschke 选择定理的一种证法是先证明 $\mathfrak{C}(\overline{B(0, R)})$ 是 $\mathscr{C}(\overline{B(0, R)})$ 中的闭子集，并证明后者是完全有界且完备的，从而是紧的。这里我们通过 Arzela-Ascoli 定理给出另一个证明。

证明：根据引理支撑函数的控制，函数族 $\mathcal{F} = \{\tilde{h}_A \mid A \text{ 是紧凸集}\} \subset \mathcal{C}(S^{n-1}, \mathbb{R})$ 是等度连续的。而且，根据定义，它是逐点有界的（界为 R）。根据 Arzela-Ascoli 定理，$\mathcal{F}$ 中的任意函数列都有一个一致收敛到连续函数 $\tilde{h} \in \mathcal{C}(S^{n-1}, \mathbb{R})$ 的子列。定义正齐次函数 $h : \mathbb{R}^n \to \mathbb{R}$ 使得 h 在 S^{n-1} 上的限制为 $\tilde{h}$。由于 $\tilde{h}$ 是一列限制函数的一致极限，其原始函数是次可加的，很容易看出 h 也是次可加的。由支撑函数的性质，h 是 $\overline{B(0, R)}$ 中某个紧凸集的支撑函数。最后结合命题 Hausdorff 距离 = 一致度量距离就完成了定理的证明。

Blaschke 选择定理可以用来证明许多几何问题的解的存在性，比如等周问题、Lebesgue 万有覆叠问题等。

2.6 连续函数代数与 Stone–Weierstrass 定理

2.6.1 连续函数代数 $\mathcal{C}(X, \mathbb{R})$

在本节中，我们假设 X 是紧 Hausdorff 空间。我们考虑一类特殊的映射空间，即连续函数空间 $\mathcal{C}(X, \mathbb{R})$。在 X 紧致时，$\mathcal{C}(X, \mathbb{R})$ 上的度量 $d_\infty(f, g) := \sup\limits_{x \in X} |f(x) - g(x)|$ 跟一致度量 d_u 是拓扑等价的。因此，$(\mathcal{C}(X, \mathbb{R}), d_\infty)$ 是完备度量空间。在本节里，如无另外说明，在谈及 $\mathcal{C}(X, \mathbb{R})$ 时我们将一直使用 d_∞ 度量及其生成的一致拓扑。

1）Weierstrass 逼近定理

我们先回忆一下在数学分析中学过的 Weierstrass 逼近定理，该定理是被誉为现代分析之父的德国数学家 Weierstrass 在 1885 年证明的，是后来函数逼近与插值理论的起点。

Weierstrass 逼近定理

多项式集合 $\mathcal{P}([0, 1])$ 在 $(\mathcal{C}([0, 1], \mathbb{R}), d_\infty)$ 中是稠密的。换言之，对于任意 $\varepsilon > 0$ 和任意 $f \in \mathcal{C}([0, 1], \mathbb{R})$，存在一个多项式 P，使得 $\sup\limits_{x \in [0, 1]} |f(x) - P(x)| < \varepsilon$。

该定理的最简洁的证明是 S. Bernstein 于 1912 年给出的。对任意 f，他显式构造了一列多项式，被称为Bernstein多项式，$B_n(f)(x) := \sum_{i=0}^{n} f(\frac{i}{n}) \cdot \binom{n}{i} x^i (1-x)^{n-i}$，并用概率论方法证明了这一列多项式一致收敛于 f。

作为推论，我们得到对于任意 $0 < a < b$ 以及任意 $\varepsilon > 0$，存在一个多项式 $q = q(t)$，满足 $q(0) = 0$ 且 $q([a,b]) \subset (1-\varepsilon, 1+\varepsilon)$。

证明：根据Weierstrass逼近定理，存在一个多项式 $q_1 \in \mathcal{P}([0,b])$ 使得 $|q_1(t) - f_0(t)| < \dfrac{\varepsilon}{2}$，其中 $f_0(t) = \begin{cases} t/a, & t \in [0,a], \\ 1, & t \in [a,b]。 \end{cases}$

然后令 $q(t) = q_1(t) - q_1(0)$ 即可。

2）作为含幺代数的 $\mathcal{C}(X, \mathbb{R})$

我们的目标是将 Weierstrass 逼近定理扩展到更一般的拓扑空间。当然，一般来说，我们将不再有拓扑空间上的多项式的概念。但我们仍然可以提问，我们能否用一个相对简单的函数族来逼近 $\mathcal{C}(X, \mathbb{R})$ 里的函数？

在 Weierstrass 逼近定理中，我们使用子集 $\mathcal{P}([0,1]) = [0,1]$ 上的多项式空间来逼近 $\mathcal{C}([0,1], \mathbb{R})$ 里的函数。$\mathbb{R}$ 上的加法与乘法自动给出了函数空间 $\mathcal{C}([0,1], \mathbb{R})$ 及其子空间 $\mathcal{P}([0,1])$ 里的加法和乘法，而函数之间的加法和乘法是构成 Bernstein 多项式的基本组件。用代数的语言来说，$\mathcal{C}([0,1], \mathbb{R})$ 是一个代数，而 $\mathcal{P}([0,1])$ 是 $\mathcal{C}([0,1], \mathbb{R})$ 中的子代数。

代数

设 $(\mathcal{A}, +)$ 是数域 $\mathbb{R}$（或 $\mathbb{C}$）上的一个向量空间，且 $\mathcal{A}$ 上还有一个乘法运算 $\cdot : \mathcal{A} \times \mathcal{A} \to \mathcal{A}$。

①如果对任意 $x, y, z \in \mathcal{A}$ 和标量 a, b，都有：

a. 分配律：$(x+y) \cdot z = x \cdot z + y \cdot z, \ x \cdot (y+z) = x \cdot y + x \cdot z$。

b. 相容性：$(ax) \cdot (by) = (ab)(x \cdot y)$。

则我们称三元组 $(\mathcal{A}, +, \cdot)$ 为一个代数。换言之，代数就是一个赋有满足分配律的双线性乘法运算的向量空间 $\mathcal{A}$。

②如果 $(\mathcal{A}, +, \cdot)$ 是一个代数，$\mathcal{B} \subset \mathcal{A}$ 是一个乘法封闭的向量子空间，则称 $\mathcal{B}$ 为 $\mathcal{A}$ 的一个子代数。

③如果代数 $\mathcal{A}$ 中存在关于乘法的单位元，即存在元素 $1 \in \mathcal{A}$ 使得 $1 \cdot x = x \cdot 1 = x$，则称代数 $\mathcal{A}$ 是含幺代数，并称 1 为该代数的幺元。

④如果代数 $\mathcal{A}$ 也是一个拓扑向量空间，且拓扑结构与乘法运算也相容，即 $\cdot : \mathcal{A} \times \mathcal{A} \to \mathcal{A}$ 是连续映射，则我们称 $\mathcal{A}$ 是一个拓扑代数。

⑤如果拓扑代数 $\mathcal{A}$ 的子代数 $\mathcal{B}$ 是它的闭子空间，则称 $\mathcal{B}$ 是 $\mathcal{A}$ 的闭子代数。

例如，$\mathcal{C}([0,1], \mathbb{R})$（赋予一致拓扑）是含幺拓扑代数，$\mathcal{P}([0,1])$ 是 $\mathcal{C}([0,1], \mathbb{R})$ 的含幺子代数，但不是闭子代数。利用拓扑结构与向量空间结构（向量加法与数乘）、乘法运算的相容性，可以证明子代数的闭包是闭子代数，即：

设 $\mathcal{A}$ 为拓扑代数，$\mathcal{A}_1 \subset \mathcal{A}$ 为子代数。那么闭包 $\overline{\mathcal{A}_1}$ 是 $\mathcal{A}$ 的（闭）子代数。

3）两个条件：无处消失和分离点

现在设 $\mathcal{A} \subset \mathcal{C}(X, \mathbb{R})$ 是一个子代数。我们想要找出使得 $\mathcal{A}$ 在 $\mathcal{C}(X, \mathbb{R})$ 中稠密的条件。为此，我们先通过例子观察不稠密的子代数 $\mathcal{A}$。

例如：

① 考虑 $\mathcal{A} = \left\{ f = \sum_{k=1}^{n} a_k x^k \;\middle|\; n \in \mathbb{N}, a_k \in \mathbb{R} \right\} \subset \mathcal{C}([0,1], \mathbb{R})$。那么 $\mathcal{A}$ 是 $\mathcal{C}([0,1], \mathbb{R})$ 中的一个子代数，但它不是稠密的。因为 $f(0) = 0$，$\forall f \in \mathcal{A}$。所以 $\mathcal{A}$ 中的函数无法（在度量 d_∞ 下）逼近任意在 $x = 0$ 处非零的函数。

② 考虑 $\mathcal{A} = \left\{ f = \sum_{k=0}^{n} (a_k \cos(kx) + b_k \sin(kx)) \;\middle|\; n \in \mathbb{N}, a_k, b_k \in \mathbb{R} \right\} \subset \mathcal{C}([0, 2\pi], \mathbb{R})$。那么 $\mathcal{A}$ 是 $\mathcal{C}([0, 2\pi], \mathbb{R})$ 中的一个子代数，但它不是稠密的。因为 $f(0) = f(2\pi)$，$\forall f \in \mathcal{A}$。所以 $\mathcal{A}$ 中的函数无法（在度量 d_∞ 下）逼近任意满足 $f(0) \neq f(2\pi)$ 的函数 f。

我们将会看到，这两个例子是"仅有的坏例子"。

无处消失与分离点性质

设 X 是拓扑空间，而 $\mathcal{A}$ 是 $\mathcal{C}(X, \mathbb{R})$ 的一个子代数。

① 若对任意 $x \in X$，存在 $f \in \mathcal{A}$ 使得 $f(x) \neq 0$，则我们称 $\mathcal{A}$ 是无处消失的。

② 若对任意 $x \neq y \in X$，存在 $f \in \mathcal{A}$ 使得 $f(x) \neq f(y)$，则我们称 $\mathcal{A}$ 是分离点的。

根据定义，如果 X 不是 Hausdorff 的，则 $\mathcal{C}(X, \mathbb{R})$ 没有分离点的子代数。所以在谈及分离点时我们将始终假设 X 是 Hausdorff 空间。

4）$\mathcal{C}(X, \mathbb{R})$ 的含幺闭子代数

显然 $\mathcal{C}(X, \mathbb{R})$ 的任何含幺子代数 $\mathcal{A}$ 是无处消失的。反之，我们有 $\mathcal{A}$ 无处消失 $\Longrightarrow \overline{\mathcal{A}}$ 含幺。

设 X 是紧拓扑空间。如果 $\mathcal{C}(X, \mathbb{R})$ 的子代数 $\mathcal{A}$ 无处消失，那么 $1 \in \overline{\mathcal{A}}$，即 $\overline{\mathcal{A}}$ 含幺。

证明：对任意 $x \in X$，存在 $f_x \in \mathcal{A}$ 使得 $f_x(x) \neq 0$。设 $U_x = \{y \mid f_x(y) \neq 0\}$。则 $\{U_x\}$ 是 X 的开覆盖。所以存在点 $x_1, \cdots, x_m$ 使得 $X \subset U_{x_1} \cup \cdots \cup U_{x_m}$。令 $f_1(x) = f_{x_1}^2 + \cdots + f_{x_m}^2 \in \mathcal{A}$。则对所有 $x \in X$ 有 $f_1(x) > 0$。由 X 的紧性，存在 $a, b > 0$ 使得对所有 $x \in X$ 有 $a \leqslant f_1(x) \leqslant b$。对于任意 $\varepsilon > 0$，存在 $q \in \mathcal{P}([a,b])$ 满足 $q(0) = 0$，且使得 $f(x) := q(f_1(x)) \subset (1 - \varepsilon, 1 + \varepsilon)$，即 $d_\infty(f, 1) < \varepsilon$。最后，因为 q 是多项式且 $q(0) = 0$，所以 $f \in \mathcal{A}$。于是 $1 \in \overline{\mathcal{A}}$。

对于 $\mathcal{C}(X, \mathbb{R})$ 的含幺闭子代数，通过同时使用代数结构和拓扑结构，我们有含幺子代数的性质。

设 X 是紧拓扑空间，$\mathcal{A}$ 是 $\mathcal{C}(X, \mathbb{R})$ 的一个含幺闭子代数，则

① $f \in \mathcal{A} \Longrightarrow |f| \in \mathcal{A}$。

② $f_1, \cdots, f_n \in \mathcal{A} \Longrightarrow \max\{f_1, \cdots, f_n\} \in \mathcal{A}, \min\{f_1, \cdots, f_n\} \in \mathcal{A}$。

证明：① 中因为 f 是有界的，根据 Weierstrass 逼近定理，在 $[0, |f|_\infty^2]$ 上存在一列多项

式 $P_n(t)$ 一致收敛到函数 $h(t) = \sqrt{t}$。于是函数列 $p_n \circ f^2$ 一致收敛到函数 $\sqrt{f^2} = |f|$。但是，因为 $\mathcal{A}$ 是含幺子代数且 $f \in \mathcal{A}$，所以 $p_n \circ f^2 \in \mathcal{A}$。由 $\mathcal{A}$ 的闭性，我们得到 $|f| \in \mathcal{A}$。

②中因为 $\max\{f, g\} = \dfrac{f + g + |f - g|}{2}$，$\min\{f, g\} = \dfrac{f + g - |f - g|}{2}$。结合①以及归纳法即得欲证。

2.6.2　Stone–Weierstrass 定理

1）Stone–Weierstrass 定理（版本1）

1937 年，M. Stone 将 Weierstrass 逼近定理推广到一般的紧 Hausdorff 空间，并在1948年给出了一个简化证明。

紧 Hausdorff 空间的 Stone–Weierstrass 定理（版本1）

设 X 为任意紧 Hausdorff 空间。若 $\mathcal{C}(X, \mathbb{R})$ 的子代数 $\mathcal{A}$ 无处消失且分离点，那么 $\mathcal{A}$ 在 $\mathcal{C}(X, \mathbb{R})$ 中是稠密的。

Stone–Weierstrass 定理是关于 $\mathcal{C}(X, \mathbb{R})$ 的最重要的定理之一。美国数学家 J. Kelley 在他所著的拓扑学方面的经典著作《一般拓扑学》一书中评价 Stone–Weierstrass 定理为 $\mathcal{C}(X)$ 上已知的最有用的结果。

对于一般的是非紧 Hausdorff 空间 X，若我们赋予 $C^\infty(X, \mathbb{R})$ 紧收敛拓扑 $\mathcal{T}_{c.c.}$，则 $(C^\infty(X, \mathbb{R}), \mathcal{T}_{c.c.})$ 依然是拓扑代数，此时我们可以把紧 Hausdorff 空间的 Stone–Weierstrass 定理翻译成紧收敛拓扑版本的 Stone–Weierstrass 定理。

设 X 是 Hausdorff 拓扑空间，$\mathcal{A}$ 是 $(C^\infty(X, \mathbb{R}), \mathcal{T}_{c.c.})$ 无处消失且分离点的子代数，则 $\mathcal{A}$ 在 $(C^\infty(X, \mathbb{R}), \mathcal{T}_{c.c.})$ 中稠密。

证明：对于任意 $f_0 \in C^\infty(X, \mathbb{R})$，$X$ 中的任意紧集 K 以及任意 $\varepsilon > 0$，我们需要证明 $B(f, K, \varepsilon) \cap \mathcal{A} \neq \emptyset$。为此，我们令 $\mathcal{A}_K = \{f|_K \mid f \in \mathcal{A}\}$。$\mathcal{A}_K$ 是 $(C(\mathcal{K}, \mathbb{R}), d_\infty)$ 的一个无处消失且分离点的子代数，则由紧 Hausdorff 空间的 Stone–Weierstrass 定理（版本1），存在 $f \in \mathcal{A}$ 使得 $d_\infty(f|_K, f_0|_K) < \varepsilon$，而这正是我们需要的。

当然，因为 $\mathcal{T}_{c.c.}$ 一般而言不是度量拓扑，所以需要加上一定的条件才能找到 $\mathcal{A}$ 中一列函数，使之在每个紧集上一致收敛到给定的 f_0。

接下来我们将证明 Stone–Weierstrass 定理，并简要讨论它的一些推广，从中我们可以了解到该定理是如何以某种预料之中以及意想不到的方式继续进一步发展的。

2）Stone–Weierstrass 定理（版本2）

紧 Hausdorff 空间的 Stone–Weierstrass 定理（版本2）

设 X 是紧致 Hausdorff 空间，$\mathcal{A} \subset \mathcal{C}(X, \mathbb{R})$ 是一个分离点的含幺闭子代数。则 $\mathcal{A} = \mathcal{C}(X, \mathbb{R})$。

证明：设 $f \in \mathcal{C}(X, \mathbb{R})$。对于任意 $\varepsilon > 0$，我们需要找到 $f_\varepsilon \in \mathcal{A}$ 使得 $d_\infty(f, f_\varepsilon) < \varepsilon$。我们从任意点对 $a \neq b \in X$ 开始。因为 $\mathcal{A}$ 分离点，所以存在 $g \in \mathcal{A}$ 使得 $g(a) \neq g(b)$。令 $f_{a,b}(x) = f(a) + \dfrac{f(b) - f(a)}{g(b) - g(a)}(g(x) - g(a))$。那么 $f_{a,b} \in \mathcal{A}$ 且 $f_{a,b}(a) = f(a)$，$f_{a,b}(b) = f(b)$。

考虑集合 $U_{a,b,\varepsilon} := \{x \in X \mid f_{a,b}(x) < f(x) + \varepsilon\}$。由 f 和 $f_{a,b}$ 的连续性，这个集合是开集。而且，对于任意取定的 b 和 ε，$\{U_{a,b,\varepsilon}\}_{a \in X}$ 是 X 的开覆盖。由 X 的紧性，我们可以找到一个有限的子覆盖 $\{U_{a_1(b,\varepsilon),b,\varepsilon}, U_{a_2(b,\varepsilon),b,\varepsilon}, \cdots, U_{a_n(b,\varepsilon),b,\varepsilon}\}$。因此，如果我们取 $f_b^\varepsilon := \min\{f_{a_1(b,\varepsilon),b}, f_{a_2(b,\varepsilon),b}, \cdots, f_{a_n(b,\varepsilon),b}\}$，则在 X 上处处有 $f_b^\varepsilon < f + \varepsilon$。根据含幺子代数的性质，$f_b^\varepsilon \in \mathcal{A}$。而且，根据定义，$f_b^\varepsilon(b) = f(b)$。所以当我们改变 b 时，由集合 $V_{b,\varepsilon} := \{x \in X \mid f_b^\varepsilon(x) > f(x) - \varepsilon\}$ 所构成的集族也是 X 的开覆盖。由紧性，我们可以找到一个有限的子覆盖 $\{V_{b_1,\varepsilon}, V_{b_2,\varepsilon}, \cdots, V_{b_m,\varepsilon}\}$。最后，如果我们令 $f_\varepsilon := \max\{f_{b_1}^\varepsilon, f_{b_2}^\varepsilon, \cdots, f_{b_m}^\varepsilon\}$，我们得到 $f_\varepsilon \in \mathcal{A}$。而由构造可知，则在 X 上我们有 $f + \varepsilon > f_\varepsilon > f - \varepsilon$。这就完成了证明。

3）Stone–Weierstrass（版本3）

紧 Hausdorff 空间的 Stone-Weierstrass 定理（版本3）

设 X 是紧 Hausdorff 空间，$\mathcal{A} = \mathcal{C}(X, \mathbb{R})$ 是一个分离点的子代数。如果 $\mathcal{A}$ 不稠密，则存在唯一的 $x_0 \in X$ 使得 $\overline{\mathcal{A}} = \{f \in \mathcal{C}(X, \mathbb{R}) \mid f(x_0) = 0\}$。

证明：由于 $\mathcal{A}$ 分离点，但 $\overline{\mathcal{A}} \neq \mathcal{C}(X, \mathbb{R})$，必须存在一个 x_0 使得对所有 $f \in \mathcal{A}$ 有 $f(x_0) = 0$。而且，因为 $\mathcal{A}$ 分离点，这样的 x_0 必须是唯一的。所以存在唯一的 $x_0 \in X$ 满足 $\overline{\mathcal{A}} \subset \{f \in \mathcal{C}(X, \mathbb{R}) \mid f(x_0) = 0\}$。

反之，我们证明 $\{f \in \mathcal{C}(X, \mathbb{R}) \mid f(x_0) = 0\}$ 中任意函数都可以被 $\mathcal{A}$ 中的元素逼近。为此我们令 $\mathcal{A}_1$ 为由 $\mathcal{A}$ 和常值函数生成的 $\mathcal{C}(X, \mathbb{R})$ 的含幺子代数，则 $\overline{\mathcal{A}} = \mathcal{C}(X, \mathbb{R})$。设 $f \in \mathcal{C}(X, \mathbb{R})$ 是一个满足 $f(x_0) = 0$ 的函数，首先取一列函数 $f_n \in \mathcal{A}_1$ 逼近 f。由定义，$f_n - f_n(x_0) \in \mathcal{A}$。因为 $f_n(x_0) \to f(x_0) = 0$，我们得到 $f_n - f_n(x_0) \to f$，即为欲证。

4）复值函数的 Stone–Weierstrass 定理

上面我们只对实值函数考虑了 Stone–Weierstrass 定理。复值连续函数代数 $\mathcal{C}(X, \mathbb{C})$，上面所表述的 Stone–Weierstrass 定理并不成立。

例如，记 $\mathbb{C}$ 中的闭单位圆盘为 $\overline{D}$，则 $\overline{D}$ 上的复多项式代数 $P(\overline{D}, \mathbb{C})$ 是一个分离点的含幺复子代数，但它在 $\mathcal{C}(\overline{D}, \mathbb{C})$ 中并不稠密，因为函数 $f(z) = \bar{z}$ 不能被复多项式逼近。如果 $p_n(z) \to f(z) = \bar{z}$，那么我们会得到 $0 = \int_0^{2\pi} p_n(e^{it}) e^{it} dt \to \int_0^{2\pi} e^{-it} e^{it} dt = 2\pi$ 矛盾。

（根据复分析里面有关函数项级数的 Weierstrass 定理，一列在单位圆盘内闭一致收敛的多项式，其极限在开圆盘里面一定是全纯函数）。

事实上，我们只要把 $\bar{z}$ 这样的元素加上，Stone–Weierstrass 定理就依然成立。

（1）自伴复子代数

设 $\mathcal{A}$ 是 $\mathcal{C}(X, \mathbb{C})$ 的一个复子代数，如果它关于共轭运算是闭的，即 $f \in \mathcal{A} \implies \bar{f} \in \mathcal{A}$，则我们称 $\mathcal{A}$ 是自伴的复子代数。

加上自伴的条件后，我们就有复值函数的 Stone–Weierstrass 定理。

（2）复值函数的 Stone–Weierstrass 定理

设 X 为紧 Hausdorff 空间，$\mathcal{A} \subset \mathcal{C}(X, \mathbb{C})$ 为分离点且无处消失的复子代数。如果 $\mathcal{A}$ 还是

自伴的，那么 $\mathcal{A}$ 在 $\mathcal{C}(X,\mathbb{C})$ 中是稠密的。

事实上，有了自伴性的假设，可以证明 $f+\bar{f}$ 和 $i(f-\bar{f})$ 是分离点的实值函数，从而可以用实值函数情形的 Stone-Weierstrass 定理。

5）LCH空间的 Stone-Weierstrass 定理

到现在为止我们都是考虑紧 Hausdorff 空间上的 Stone-Weierstrass 定理，从证明中我们也可以看到，紧性起到了至关重要的作用。对于一般的非紧空间，Stone-Weierstrass 定理是不成立的。对于在分析中起到重要作用的LCH空间，我们依然可以证明Stone-Weierstrass定理的一个变体。之所以对于非紧的LCH空间，依然可以证明某种Stone-Weierstrass定理，其原因在于根据非紧LCH空间的结构定理，只要对非紧LCH空间做单点紧致化，就可以得到紧 Hausdorff 空间，从而可以应用紧 Hausdorff 空间上的 Stone-Weierstrass 定理。为此，对任意非紧LCH，我们考虑空间 $\mathcal{C}_0(X,\mathbb{R}) := \{f \in \mathcal{C}(X,\mathbb{R}) \,|\,$ 任意 $\varepsilon>0$，存在紧集 $K \subset X$ 使得在 K^c 上有 $|f(x)| < \varepsilon\}$。我们称 $\mathcal{C}_0(X,\mathbb{R})$ 里的元素为在无穷远处消失的函数。可以证明，它是一个代数。另外，易见 $\mathcal{C}_0(X,\mathbb{R})$ 是有界连续函数空间 $(\mathcal{B}(X,\mathbb{R}) \cap \mathcal{C}(X,\mathbb{R}), d_\infty)$ 的一个闭子空间，从而 d_∞ 是 $\mathcal{C}_0(X,\mathbb{R})$ 上的一个完备度量。

非紧 LCH 上的 Stone-Weierstrass 定理

设 X 是一个非紧LCH空间。若 $\mathcal{A}$ 是 $\mathcal{C}_0(X,\mathbb{R})$ 中的一个无处消失且分离点的子代数，则 $\mathcal{A}$ 在 $\mathcal{C}_0(X,\mathbb{R})$ 中稠密。

6）一个长长的注记：拓扑的代数化

回到紧 Hausdorff 空间 X 的情况。注意 $\mathcal{C}(X,\mathbb{C})$ 是关于范数 $\|f\|_\infty := d_\infty(f,0)$ 的 Banach空间。显然，如果 X，Y 是同胚的拓扑空间，则 $\mathcal{C}(X,\mathbb{C})$ 和 $\mathcal{C}(Y,\mathbb{C})$ 作为 Banach 空间是同构的。若 $\phi: X \to Y$ 是一个同胚映射，我们考虑拉回映射 $T: \mathcal{C}(Y,\mathbb{C}) \to \mathcal{C}(X,\mathbb{C})$，$Tf(x) := f(\phi(x))$，则易验证它是向量空间 $\mathcal{C}(X,\mathbb{C})$ 和 $\mathcal{C}(Y,\mathbb{C})$ 之间的保范线性同构，$\|T(f)\|_\infty = \sup\limits_{x \in X} |Tf(x)| = \sup\limits_{x \in X} |f(\phi(x))| = \sup\limits_{y \in Y} |f(y)| = \|f\|_\infty$。反之，Banach 和 Stone 证明了 $\mathcal{C}(X_1,\mathbb{C})$ 事实上决定了 X。

（1）Banach-Stone 定理

两个紧 Hausdorff 空间 X_1 和 X_2 是同胚的当且仅当 Banach 空间 $\mathcal{C}(X_1,\mathbb{C})$ 和 $\mathcal{C}(X_2,\mathbb{C})$ 是同构的。

事实上，$\mathcal{C}(X,\mathbb{C})$ 除了是 Banach 空间（有向量空间结构、范数结构且度量完备）外，还有乘积结构（从而是一个代数）和共轭，且这些结构都是相容的，例如，$\|fg\| \leqslant \|f\| \cdot \|g\|$ 且 $\|\bar{f}f\|^2 = \|f\|^2$。对这样的对象，我们称之为 C^*-代数。

（2）C^*-代数

设 $(\mathcal{A}, +, \cdot)$ 是一个复结合代数。

①若 $\mathcal{A}$ 上具有对合运算 $* : \mathcal{A} \to \mathcal{A}$，使得

a. $x^{**} = x$，

b. $(x + y)^* = x^* + y^*$，$(xy)^* = y^* x^*$，

c. $(\lambda x)^* = \bar{\lambda} x^*$。

则我们称 $(\mathcal{A}, +, \cdot, *)$ 是一个 $*$-代数。

②若 $\mathcal{A}$ 上面有范数 $\|\cdot\|$，使得 $(\mathcal{A}, +, \|\cdot\|)$ 是一个 Banach 空间，且 $\|xy\| \leqslant \|x\|\|y\|$，则我们称 $(\mathcal{A}, +, \cdot, \|\cdot\|)$ 是一个 Banach 代数。

③若 $(\mathcal{A}, +, \cdot, *)$ 是一个 $*$-代数，$(\mathcal{A}, +, \|\cdot\|)$ 是一个 Banach 代数，且 $*$-代数结构和 Banach 范数结构相容，即 $\|x^* x\| = \|x^*\|\|x\|$，则我们称 $(\mathcal{A}, +, \cdot, *, \|\cdot\|)$ 是一个 C^*-代数。

④若 C^*-代数 $(\mathcal{A}, +, \cdot, *, \|\cdot\|)$ 里的乘法是交换的，即 $xy = yx$，则我们称它为一个交换 C^*-代数。

所以 $\mathcal{C}(X, \mathbb{C})$ 是一个含幺交换 C^*-代数。事实上，苏联数学家 I. Gelfand 和 M.Naimark 在 1943 年证明了任何（抽象）含幺交换 C^*-代数都是以这种方式出现的，并给出了从 $\mathcal{C}(X, \mathbb{C})$ 到 X 的显式构造。

（3）Gelfand–Naimark 定理（交换版本）

对任意含幺交换 C^* 代数 $\mathcal{A}$，都存在紧 Hausdorff 空间 X 使得 $\mathcal{A}$ 同构于 $\mathcal{C}(X, \mathbb{C})$。

考虑由 $\mathcal{A}$ 的非零特征 $\phi: \mathcal{A} \to \mathbb{C}$（也称为代数同态，即保乘法的线性泛函）所组成的集合 Σ。可以证明：首先，证明每个特征 ϕ 都是连续映射，于是每个特征都是 Banach 空间 $\mathcal{A}$ 的对偶空间 $\mathcal{A}^*$ 中的一个元素。接着，证明每个特征 ϕ 在 $\mathcal{A}^*$ 中都有（对偶）范数 $\leqslant 1$，于是 Σ 事实上是 $\mathcal{A}^*$ 中的闭单位球 $\overline{B(\mathcal{A}^*)}$ 的子集。然后，证明 Σ 关于弱-$*$ 拓扑是 $\overline{B(\mathcal{A}^*)}$ 的子集。根据 Banach-Alaoglu 定理，$\overline{B(\mathcal{A}^*)}$ 是关于弱-$*$ 拓扑的紧 Hausdorff 空间，因此 Σ（关于弱-$*$ 拓扑）也是紧 Hausdorff 的。最后，证明 $\mathcal{A}$ 与 $\mathcal{C}(\Sigma, \mathbb{C})$ 同构。对 $\mathcal{A}$ 中的每个元素，由 Gelfand 变换给出从 $\mathcal{A}$ 与 $\mathcal{C}(\Sigma, \mathbb{C})$ 的同构，该变换把 $a \in \mathcal{A}$ 通过赋值映射映为 $\mathcal{C}(\Sigma, \mathbb{C})$ 中的元素 $\hat{a}$，即 $\hat{a}(\phi) := \phi(a)$。

于是，由函数所组成的代数和作为背景的几何空间之间也存在了一种相互决定的对偶关系，人们可以通过研究函数代数而得到背景空间的所有信息。这样的对偶关系不仅出现在拓扑中，也出现在别的学科，如代数几何中。因此，数学家们将这种对偶性思想延拓到研究更复杂的非交换代数中，并由此导向了一个新的数学分支——非交换几何学。

2.7　可数性公理

在前文中，我们仔细研究了拓扑中的有限性即紧性。紧空间可以被视为仅由有限多个拓扑元件（开集）就可以构建出来的空间，而我们已经一再看到，这样的有限性是如何帮助我们从局部性质过渡到整体性质的。

跟有限相对的是无限。一般而言，无限是很难处理的，但我们也已经多次看到，有一种最简单的无限性往往是我们是可以处理的，即可数性。所以接下来我们转而讨论拓扑中的可数性特征。

1）第一可数空间

事实上，我们对可数性并不陌生。回忆一下，在前文中我们把具有可数邻域基的拓扑空间称为第一可数空间，或者简称为 (A1) -空间。换而言之，X 是 (A1) 空间 $\Longleftrightarrow \forall x \in X$，存在 x 的邻域 $\{U_n^x\}_{n \in \mathbb{N}}$ 使得 x 每个开邻域 U 都包含某个 U_k^x。

注意，若 X 是第一可数的，那么对于每个点，我们都可以选择一个可数邻域基 $\{U_n^x\}$ 使得 $U_1^x \supset U_2^x \supset U_3^x \supset \cdots$，因为如果 $\{V_1^x, V_2^x, \cdots\}$ 是 x 处的一个可数邻域基，那么可以取 $U_1^x = V_1^x$，$U_2^x = V_1^x \cap V_2^x$，$U_3^x = V_1^x \cap V_2^x \cap V_3^x$，$\cdots$。则 $\{U_1^x, U_2^x, \cdots\}$ 是 x 的一个可数邻域基，且满足 $U_1^x \supset U_2^x \supset U_3^x \supset \cdots$。

第一可数空间有很多很好的性质，比如：

① (A1) 空间 X 的子集 $F \subset X$ 是闭集当且仅当包含其所有序列极限点。

②若 X 是 (A1) 的，则任何序列连续映射 $f : X \to Y$ 是连续的。

③如果 X 是 (A1) 的并且还是 Hausdorff 的，则 X 中的极限点紧子集都是列紧的。

以下是关于 (A1) -空间和非 (A1) -空间的一些例子。

①度量空间都是第一可数的，因为我们可以取 $U_n^x = B(x, \frac{1}{n})$。

② Sorgenfrey 直线 $(\mathbb{R}, \mathscr{T}_{\text{sorgenfrey}})$ 是第一可数的，可以取 $U_n^x = [x, x + \frac{1}{n})$。

③空间 $(\mathbb{R}, \mathscr{T}_{\text{cocountable}})$ 不是第一可数的。对任意一列 x 的开邻域 $\{U_x^n\}$，集合 $\bigcap_n U_x^n$ 依然是 x 的一个开邻域。令 U 为从 $\bigcap_n U_x^n$ 中去掉一个不同于 x 的点所得的集合，则 U 是 x 的一个开邻域，且它不包含任何一个 U_x^n。

④空间 $(\mathcal{M}([0,1], \mathbb{R}), \mathscr{T}_{p.c.})$ 不是第一可数的，因为我们在前文中已经看到，该空间里存在非闭子集 $A = \{f : [0,1] \to \mathbb{R} \,|\,$仅对可数多的 x 有 $f(x) \neq 0\}$ 包含其所有序列极限点。

2）第二可数空间

对于欧氏空间 $\mathbb{R}^n$，我们在前文中看到，它不仅在每个点 x 处有一个可数邻域基，而且它有一个只包含可数个开集的拓扑基，$\mathcal{B} = \{B(x, r) \,|\, x \in \mathbb{Q}^n, r \in \mathbb{Q}_{>0}\}$。这是一个更强的可数性性质。

（1）第二可数性公理

如果拓扑空间 $(X, \mathscr{T})$ 有一个可数基，即存在可数个开集 $\{U_1, U_2, U_3, \cdots\}$ 构成 $\mathscr{T}$ 的一个拓扑基，则我们称 X 满足第二可数性公理，或者说它是第二可数的，简称为 (A2) -空间。

显然，任何第二可数空间都是第一可数空间。但反之则不成立，例如，$(\mathbb{R}, \mathscr{T}_{\text{discrete}})$ 是一个度量空间，从而是第一可数空间，但它不是第二可数空间。

有一大类度量空间是第二可数的。

（2）完全有界 $\Longrightarrow$ 第二可数

任何一个完全有界的度量空间都是第二可数的。

证明：假设 (X, d) 是完全有界的。根据定义，对于任意 n，都存在一个有限的 $\frac{1}{n}$ -网，即存在有限多个点 $x_{n,1}, x_{n,2}, \cdots, x_{n,k(n)} \in X$ 使得 $X = \bigcup_{i=1}^{k(n)} B(x_i, \frac{1}{n})$。

我们断言可数开集族 $\mathcal{B} := \{B(x_{n,i}, \frac{1}{n}) \mid n \in \mathbb{N}, 1 \leqslant i \leqslant k(n)\}$ 是度量拓扑 $\mathscr{T}$ 的一个拓扑基。为了证明这一点，我们取任意开集 U 和任意点 $x \in U$。则 $\exists \varepsilon > 0$ 使得 $B(x, \varepsilon) \subset U$。现在我们选取 $n \in \mathbb{N}$ 和 $1 \leqslant i \leqslant k(n)$ 使得 $\frac{1}{n} < \frac{\varepsilon}{2}$ 且 $d(x, x_{n,i}) < \frac{1}{n}$。由此得 $B(x_{n,i}, \frac{1}{n})$ $\subset B(x, \frac{2}{n}) \subset B(x, \varepsilon) \subset U$，故可数族 $\mathcal{B}$ 是一个拓扑基。

由于紧度量空间都是完全有界的，因此我们得到推论——紧度量空间 $\Longrightarrow$ 第二可数。

任何一个紧度量空间都是第二可数的。

考虑空间 $X = [0,1]^{\mathbb{N}} = \{(x_1, x_2, \cdots) \mid x_i \in [0,1]\}$。

① $(X, \mathscr{T}_{\text{product}})$ 是第二可数的。我们在前文中看到，X 上的乘积拓扑 $\mathscr{T}_{\text{product}}$ 是一个度量拓扑。因此 $(X, \mathscr{T}_{\text{product}})$ 是一个紧度量空间，从而是第二可数的。该空间同胚于 Hilbert 立方体，因此我们也称它为 Hilbert 立方体。

② $(X, \mathscr{T}_{\text{box}})$ 不是第一可数的（因此，也不是第二可数的）。我们用反证法以及标准的对角线技巧。设 $\{U_n(x)\}$ 是 $(X, \mathscr{T}_{\text{box}})$ 在 $x = (x_i)$ 处的一个可数邻域基。则存在 $[0,1]$ 中 x_i 的开邻域 $U_i^{(n)}(x_i)$，使得 $\prod_i U_i^{(n)}(x_i) \subset U_n(x)$，$\forall n \in \mathbb{N}$。取 $\widetilde{U}_i^{(i)}(x_i) \subsetneqq U_i^{(i)}(x_i)$ 是 $[0,1]$ 中包含 x_i 的严格更小的开邻域。则集合 $U := \prod_i \widetilde{U}_i^{(i)}(x_i)$ 是箱拓扑中点 (x_n) 的开邻域，但它不包含任意 $U_n(x)$，矛盾。

3）可分空间

如果我们仔细审视一下前文中我们所构造的欧氏空间 $\mathbb{R}^n$ 的可数基，即 $\mathcal{B} = \{B(x, r) \mid x \in \mathbb{Q}^n, r \in \mathbb{Q}_{>0}\}$，我们会发现一个关键的原因是 $\mathbb{R}^n$ 里存在一个可数稠密子集 $\mathbb{Q}^n$。事实上，这是第二可数空间的共同特征。

（1）第二可数 $\Longrightarrow$ 可分

任何第二可数拓扑空间都包含一个可数稠密子集。

证明：设 $\{U_n \mid n \in \mathbb{N}\}$ 是 $(X, \mathscr{T})$ 的一个可数基。对于每个 n，我们选取一个点 $x_n \in U_n$。令 $A = \{x_n \mid n \in \mathbb{N}\}$。则 A 是 X 中的可数子集。对于任意 $x \in X$ 和 x 的任意开邻域 U，存在 n 使得 $x \in U_n \subset U$。因此，$U \cap A \neq \emptyset$。所以 $\overline{A} = X$。

我们实际上证明了，在任意拓扑空间中，都存在一个稠密子集，其基数（势）不超过拓扑基的基数。

存在可数稠密子集是一种新的可数性，我们给它一个定义——可分空间。

（2）可分空间

如果拓扑空间 $(X, \mathscr{T})$ 包含一个可数稠密子集，则我们称 X 为可分空间。

所以，第二可数 $\Longrightarrow$ 可分可以被表述为第二可数的拓扑空间都是可分的。反之，并不成立。

例如，$(\mathbb{R}, \mathscr{T}_{\text{sorgenfrey}})$ 是可分的，但不是第二可数的。

① $(\mathbb{R}, \mathscr{T}_{\text{sorgenfrey}})$ 是可分的。在 Sorgenfrey 拓扑下 $\overline{\mathbb{Q}} = \mathbb{R}$，因为对任意 $x \in \mathbb{R}$ 和任意区

间 $[x, x+\varepsilon)$，我们都有 $r \in [x, x+\varepsilon) \cap \mathbb{Q} \neq \emptyset$。

② $(\mathbb{R}, \mathscr{T}_{\text{sorgenfrey}})$ 不是第二可数的。设 $\mathcal{B}$ 是 $\mathscr{T}_{\text{sorgenfrey}}$ 的任意一个拓扑基。则 $\forall x \in \mathbb{R}$，存在开集 $B_x \in \mathcal{B}$ 使得 $x \in B_x \subset [x, x+1)$，由此可得 $x = \inf B_x$。于是我们得到一个从 $\mathcal{B}$ 到 $\mathbb{R}$ 的单射，故 $\mathcal{B}$ 是一个不可数族。

然而，对于度量空间而言，这两者是等价的。

（3）度量空间：第二可数 $\Longleftrightarrow$ 可分

度量空间 (X, d) 是第二可数的当且仅当它是可分的。

证明：设 (X, d) 是一个可分的度量空间，$A = \{x_n | n \in \mathbb{N}\}$ 是一个可数稠密子集。则 $\mathcal{B} = \{B(x_n, 1/m) | n, m \in \mathbb{N}\}$ 是度量拓扑的一个可数基。

可分性是泛函分析中一个非常有用的概念，常被用于证明某些紧性结果。另一个众所周知的结果是一个希尔伯特空间 $\mathcal{H}$ 是可分的 $\Longleftrightarrow$ 它有一个可数正交基。

利用这个事实很容易构造不可分的希尔伯特空间。例如，令 $\widetilde{l^2(\mathbb{R})} = \{f : \mathbb{R} \to \mathbb{R} \mid$ 仅对可数多的 x 有 $f(x) \neq 0$，且 $\sum_x |f(x)|^2 < \infty\}$。在 $\widetilde{l^2(\mathbb{R})}$ 上可以定义内积 $\langle f, g \rangle := \sum_{x \in \mathbb{R}} f(x)g(x)$，该内积诱导了一个度量结构。对该空间进行度量完备化，由此所得到的希尔伯特空间没有可数正交基。

4）Hilbert 方体作为紧度量空间的通用模型

粗略地说，可分性意味着你可以使用可数多的数据来重构整个空间。

紧度量空间 = Hilbert 立方体的闭子空间

任意紧度量空间 (X, d) 都同胚于 Hilbert 立方体 $([0, 1]^{\mathbb{N}}, d)$ 的某个闭子集。

证明：因为 X 是紧空间，所以它有界。通过缩放度量 d，我们可以假设 $\text{diam}(X) \leqslant 1$。由紧度量空间 $\Longrightarrow$ 第二可数以及第二可数 $\Longleftrightarrow$ 可分，X 是可分的。设 $A = \{x_n | n \in \mathbb{N}\}$ 是 X 中的可数稠密子集。定义 $F : X \to [0, 1]^{\mathbb{N}}$，$x \mapsto (d(x, x_1), d(x, x_2), \cdots, d(x, x_n), \cdots)$。则有：

① F 是连续的，因为 $\mathscr{T}_d = \mathscr{T}_{\text{product}}$ 且每个 $\pi_n \circ F = d(x, x_n)$ 都是连续的。

② F 是单射。如果 $F(x) = F(y)$，则对所有 n 有 $d(x, x_n) = d(y, x_n)$。由于 A 是稠密的，所以存在 $x_{n_k} \to x$。由 d 的连续性，$d(x, y) = \lim_{k \to \infty} d(x_{n_k}, y) = \lim_{k \to \infty} d(x_{n_k}, x) = 0$。

③ $([0, 1]^{\mathbb{N}}, \mathscr{T}_{\text{product}})$ 是 Hausdorff 的，因为它是一个度量空间。

因此，作为从紧空间到 Hausdorff 空间的连续双射，$F : X \to F(X) \subset [0, 1]^{\mathbb{N}}$ 是同胚。最后，作为 Hausdorff 空间中的紧子集，$F(X)$ 是闭的。

5）其他可数性概念

还有几个常见的跟紧性密切相关的可数性概念。我们在前文中提过可数紧性的概念，它可以被视为是一个跟可数性相关的紧性概念。同时，我们也有一些跟紧性相关的可数性概念，比如：

① σ- 紧性。

② Lindelöf 空间。

（1）Lindelöf 空间

如果拓扑空间 $(X, \mathcal{T})$ 的任意开覆盖 $\mathcal{U}$ 都存在可数子覆盖，则我们称 X 为 Lindelöf 空间。

显然，如果一个拓扑空间既是 Lindelöf 空间又是可数紧空间，则它是紧空间。

由定义不难证明 Lindelöf 性质是一种比第二可数或者 $\sigma-$ 紧更弱的可数性。

（2）Lindelöf 弱于(A2)以及 $\sigma-$ 紧

①任意 (A2) 空间是 Lindelöf 空间。

②任意 $\sigma-$ 紧空间是 Lindelöf 空间。

注意，反过来并不成立，例如：

①由 Tychonoff 定理，$([0, 1]^{[0,1]}, \mathcal{T}_{product})$ 是紧空间，从而自然也是 Lindelöf 空间，但它不是 (A2) 空间，甚至不是 (A1)- 空间。

②$(\mathbb{R}, \mathcal{T}_{cocountable})$ 是 Lindelöf 空间但不是 $\sigma-$ 紧空间。

下面列举 Lindelöf 空间的几个常用性质。

（3）Lindelöf 空间的性质

① Lindelöf 空间的闭子空间一定是 Lindelöf 空间。

② Lindelöf 空间在连续映射下的像集是 Lindelöf 空间。

③ 度量空间是 Lindelöf 空间当且仅当它是(A2)空间。

于是，如同紧性一样，Lindelöf 空间的子空间不一定是 Lindelöf 空间（因为任意空间都有单点紧致化），但其闭子空间依然是 Lindelöf 的。跟紧性截然不同的是，两个 Lindelöf 空间的乘积空间不一定是 Lindelöf 的。

2.8　分离性公理

发展拓扑学的动机之一是理解分析学里面的核心概念，如收敛性和连续性，从而可以进一步在抽象空间中应用分析的思想和手段处理问题。在分析中，我们往往需要假定可以用开集来分隔特定的子集。例如，我们希望收敛列的极限唯一，于是我们需要假定空间里任意两点可以被开集分离，即空间满足 Hausdorff 性质。又如，我们证明了在 LCH 空间中，紧集和闭集可以分离，并提到了该性质在处理 LCH 空间上的分析问题时是作用巨大的。

2.8.1　分离性公理

1）4个分离性公理

在拓扑中，我们把用（不相交的）开集来分离某些不相交的集合这样一类性质称为分离性公理。分离性公理有很多，下面列举4种常用的分离性（图2-2）。

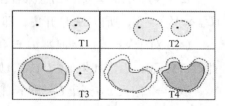

图2-2　4种常见分离性

分离性公理

设 X 是拓扑空间。

①若对于任意 $x \neq y$，存在 X 中的开集 U, V 使得 $x_1 \in U \setminus V$ 且 $x_2 \in V \setminus U$，则我们称 X 为 Frechét 空间，简称为 T1 空间。

②若对于任意 $x \neq y$，存在 X 中的开集 U, V 使得 $x_1 \in U$, $x_2 \in V$，且 $U \cap V = \emptyset$，则我们称 X 为 Hausdorff 空间，简称为 T2 空间。

③若对于任意闭集 A 以及任意点 $x \notin A$，存在 X 中的开集 U, V 使得 $A \in U$, $x \in V$，且 $U \cap V = \emptyset$，则我们称 X 为正则空间，简称为 T3 空间。

④若对于任意不交闭集 $A \cap B = \emptyset$，存在 X 中的开集 U, V 使得 $A \in U$, $B \in V$，且 $U \cap V = \emptyset$，则我们称 X 为正规空间，简称为 T4 空间。

注：在不同的文献中，正则、(T3)、正规、(T4)可能有不同的含义。在文献中至少有20种不同的分离公理。一般拓扑学中分离公理的历史是错综复杂的，许多不同的含义争相使用相同的术语，而许多不同的术语争相表达相同的概念。

从这些定义中，大家不难想到是否可以定义紧集与紧集的分离，或者紧集与闭集的分离？事实上，通过标准的紧性论证，不难发现不相交的紧集可分离等价于Hausdorff性质，不相交的紧集与闭集可分离等价于正则性。

2）等价刻画

我们首先给出上述各个分离公理的等价刻画。

分离公理的等价刻画

设 $(X, \mathcal{T})$ 为拓扑空间。则

① $(X, \mathcal{T})$ 是 (T1) 当且仅当任意单点集 $\{x\}$ 是闭集。

② $(X, \mathcal{T})$ 是 (T2) 当且仅当对角线集合 $\Delta = \{(x, x) | x \in X\}$ 在 $X \times X$ 中是闭集。

③ $(X, \mathcal{T})$ 是 (T3) 当且仅当 $\forall x \in X$ 以及包含 x 的开集 U, $\exists$ 开集 V 使得 $x \in V \subset \overline{V} \subset U$。

④ $(X, \mathcal{T})$ 是 (T4) 当且仅当 $\forall$ 闭集 $A \subset X$ 以及包含 A 的开集 U, $\exists$ 开集 V 使得 $A \subset V \subset \overline{V} \subset U$。

证明：①和②根据定义可得，而③和④根据开-闭对偶可得。

① $(\Rightarrow)$ 对 $\forall y \neq x$, $\exists U_y \in \mathcal{T}$ 使得 $x \notin U_y$。所以 $\{x\}^c = \bigcup_{y \neq x} U_y$ 是开集，即 $\{x\}$ 是闭集。

$(\Leftarrow)$ 对于 $\forall x \neq y$，取 $U = \{y\}^c$ 和 $V = \{x\}^c$。则 $x \notin V, y \notin U$ 且 $x \in U, y \in V$。

② $(\Rightarrow)$ 对 $\forall x \neq y$, (T2)意味着 $\exists X \times X$ 中的开集 $U_x \times V_y$ 使得 $(x, y) \in U_x \times V_y$ 且 $\Delta \cap (U_x \times V_y) = \emptyset$。所以 Δ^c 是开集，即 Δ 是闭集。

$(\Leftarrow)$ 对于 $\forall x \neq y$，即 $(x, y) \in \Delta^c$, $\exists$ 开集 $U \ni x$, $V \ni y$ 使得 $(x, y) \in U \times V \subset \Delta^c$。由此 $U \cap V = \emptyset$，因为如果 $z \in U \cap V$，则 $(z, z) \in (U \times V) \cap \Delta = \emptyset$。

③ $(\Rightarrow)$ 假设 $x \in$ 开集 U，即 $x \notin$ 闭集 U^c，则存在 $V_1, V_2 \in \mathcal{T}$ 使得 $V_1 \cap V_2 = \emptyset$, $x \in V_1$，且 $U^c \subset V_2$。所以 $x \in V_1 \subset \overline{V_1} \subset V_2^c \subset U$。

（⇐）设 $x \notin$ 闭集 A，即 $x \in$ 开集 A^c，则存在 $V \in \mathscr{T}$ 使得 $x \in V \subset \overline{V} \subset A^c$。由此 $V \cap \overline{V}^c = \emptyset$，$x \in V$，且 $A \subset \overline{V}^c$。

④（⇒）设 $A \subset$ 开集 U，则 $A \cap U^c = \emptyset$。所以存在 $V_1, V_2 \in \mathscr{T}$ 使得 $V_1 \cap V_2 = \emptyset$，$A \subset V_1$，且 $U^c \subset V_2$。所以 $A \subset V_1 \subset \overline{V_1} \subset V_2^c \subset U$。

（⇐）设 A, B 是闭集且 $A \cap B = \emptyset$，则 $A \subset$ 开集 B^c。所以存在 $V \in \mathscr{T}$ 使得 $A \subset V \subset \overline{V} \subset B^c$。由此 $V \cap \overline{V}^c = \emptyset$，$A \subset V$，且 $B \subset \overline{V}^c$。

3）不同分离公理之间的关系

我们可以研究这些分离公理之间的关系。显然我们有 (T2) $\Longrightarrow$ (T1)，反之，其他的蕴含关系都不成立。

① (T1) $\not\Longrightarrow$ (T2)，(T1) $\not\Longrightarrow$ (T3)，(T1) $\not\Longrightarrow$ (T4)，反例为 $(\mathbb{R}, \mathscr{T}_{\text{cofinite}})$。

② (T4) $\not\Longrightarrow$ (T3)，(T4) $\not\Longrightarrow$ (T2)，(T4) $\not\Longrightarrow$ (T1)，反例为 $(\mathbb{R}, \mathscr{T})$，其中 $\mathscr{T} = \{(-\infty, a) | a \in \mathbb{R}\}$。

③ (T3) $\not\Longrightarrow$ (T2)，(T3) $\not\Longrightarrow$ (T1)，反例为 $(\mathbb{R}, \mathscr{T})$，其中 $\mathscr{T}$ 由拓扑基 $\mathscr{B} = \{[n, n+1) | n \in \mathbb{Z}\}$ 生成。在这个拓扑中，闭子集和开子集是一样的。

④ (T2) $\not\Longrightarrow$ (T4)，(T2) $\not\Longrightarrow$ (T3)，反例为 $(\mathbb{R}, \mathscr{T})$，其中 $\mathscr{T}$ 是由子基 $\mathcal{S} = \{(a, b) | a, b \in \mathbb{Q}\} \cup \{\mathbb{Q}\}$ 生成的。在该拓扑中，$\mathbb{Q}^c$ 是闭集但不能与 $\{0\}$ 分离。

⑤ (T3) $\not\Longrightarrow$ (T4)，反例为 Sorgenfrey 平面 $(\mathbb{R}, \mathscr{T}_{\text{sorgenfrey}}) \times (\mathbb{R}, \mathscr{T}_{\text{sorgenfrey}})$。

2.8.2　分离性的增强

虽然在这 4 个分离公理里面，仅有 (T2) 蕴含 (T1)，但我们还是可以粗略地认为 (T4) 强于 (T3)，(T3) 强于 (T2)，(T2) 强于 (T1)。至少，我们有 (T1) + (T4) $\Longrightarrow$ (T3)，(T1) + (T3) $\Longrightarrow$ (T2)，于是 (T1) + (T4) $\Longrightarrow$ (T2)。

事实上，紧性、可数性也可以用于增强分离性。

1）紧性增强分离公理

我们首先通过标准的局部到整体论证，证明紧性如何增强分离公理。

（1）紧 +(T2) $\Longrightarrow$ (T3)

任何紧 Hausddorff 空间都是正则空间。

证明：设 X 是紧 Hausdorff 空间，$x \in X$，$A \subset X$ 是闭集（也是紧集），且 $x \notin A$。则对于任意 $y \in A$，存在开集 $U_{x,y} \ni x$，$V_y \ni y$ 使得 $U_{x,y} \cap V_y = \emptyset$。由 A 的紧性，$\exists V_{y_1}, \cdots, V_{y_n}$ 覆盖 A。因此 $U := U_{x,y_1} \cap \cdots \cap U_{x,y_n}$ 和 $V := V_{y_1} \cup \cdots \cup V_{y_n}$ 分别是 x 和 A 的开邻域，且满足 $U \cap V = \emptyset$。

（2）紧 +(T3) $\Longrightarrow$ (T4)

任何紧正则空间都是正规空间。

证明：设 X 是紧正则空间，A, B 是 X 中不相交的闭子集。则对于任意 $x \in A$，存在开集 $U_x \ni x$，$V_x \supset B$ 使得 $U_x \cap V_x = \emptyset$。由紧性，$\exists U_{x_1}, \cdots, U_{x_n}$ 覆盖 A。因此 $U := U_{x_1} \cup \cdots \cup$

U_{x_n} 且 $V := V_{x_1} \cap \cdots \cap V_{x_n}$ 是 x 和 A 的开邻域，且 $U \cap V = \emptyset$。

（3）紧 + (T2) $\Longrightarrow$ (T4)

任何紧 Hausdorff 空间都是 (T4) 空间。

2）局部紧性增强分离公理 (T2)

局部紧 + (T2) $\Longrightarrow$ (T3)

任意局部紧的 Hausdorff 空间是正则的。

证明：设 X 是局部紧正则空间，$x \in U$。存在 X 的开集 V 使得 $x \in V \subset \overline{V} \subset U$，因此 X 是 (T3) 空间。

3）可数性增强分离公理 (T3)

把从有限个局部过渡到整体的过程稍加修改，可以从可数个局部过渡到整体，从而证明下面更一般的可数性增强分离公理命题。

Lindelöf + (T3) $\Longrightarrow$ (T4)

任意 Lindelöf 正则空间是正规的。

注意，作为推论，我们有 (A2) + (T3) $\Longrightarrow$ (T4)，σ 紧 + (T3) $\Longrightarrow$ (T4)。

证明：设 X 是 Lindelöf 且正则的拓扑空间，A, B 是 X 中的不相交闭子集。Lindelöf 性质具有闭遗传性，即闭子集 A, B 也是 Lindelöf 空间。因为 X 是 (T3)，所以 $\forall x \in A$，$\exists$ 开集 V_x 使得 $x \in V_x \subset \overline{V_x} \subset B^c$。由于这些 V_x 覆盖了 Lindelöf 的 A，我们可以选择覆盖 A 的可数子覆盖 $V_1, V_2, \cdots$ 同理，可以找到可数多开集 $U_1, U_2, \cdots$ 覆盖 B 使得 $U_i \subset \overline{U_i} \subset A^c$。令 $G_n := V_n \setminus (\bigcup_{i=1}^{n} \overline{U_i})$ 和 $H_n := U_n \setminus (\bigcup_{i=1}^{n} \overline{V_i})$。则 $A \subset (\bigcup_{n=1}^{\infty} V_n) \cap (\bigcap_{i=1}^{\infty} \overline{U_i}^c) \subset \bigcup_{n=1}^{\infty} (V_n \cap \bigcap_{i=1}^{n} \overline{U_i}^c) = \bigcup_{n=1}^{\infty} G_n$，类似地我们有 $B \subset \bigcup_{m=1}^{\infty} H_m$。最后，$(\bigcup_{n=1}^{\infty} G_n) \cap (\bigcup_{m=1}^{\infty} H_m) = \emptyset$。因为对所有 n, m，根据构造我们有 $G_n \cap H_m = \emptyset$。

注：存在复杂的反例表明：

① 局部紧正则空间不一定是正规空间。

② Lindelöf 且 Hausdorff 空间不一定是正则空间。

2.9 Urysohn 引理与 Urysohn 度量化定理

我们知道，相比于一般的拓扑空间，度量空间有很多非常特殊而优美的性质。哪些拓扑空间的拓扑实际上是一个度量拓扑？这个问题的第一个重要结果是由杰出拓扑学家 Urysohn 所证明的 Urysohn 度量化定理。在证明过程中，Urysohn 先证明了一个很重要的工具，即用于构造特定连续函数的 Urysohn 引理。不少数学家称 Urysohn 引理为点集拓扑学的第一个非平凡结果。它之所以被称为引理，只是因为它最早作为工具出现在 Urysohn 证明 Urysohn 度量化定理的论文中。后面我们还会看到它的很多应用。

2.9.1　Urysohn 引理

1）Urysohn 引理

我们知道，正规空间所刻画的性质是不相交的闭集可以被开集分离。粗略地说，Urysohn 引理告诉我们用开集分离不相交的闭集 $\iff$ 用连续实值函数分离不相交的闭集。

Urysohn 引理

拓扑空间 $(X, \mathscr{T})$ 是正规的当且仅当对 X 中任意不相交的闭集 A, B, 存在连续函数 $f: X \to [0, 1]$ 使得 $f(A) = 0$ 且 $f(B) = 1$。

Urysohn 引理是拓扑学中一个非常重要的工具，我们可以用它构造满足特定性质的连续函数。例如，根据 Urysohn 引理，对于任意紧 Hausdorff 空间（从而是正规空间）的任意两个不同的点 x 和 y，都可以找到连续函数 $f \in \mathcal{C}(X, \mathbb{R})$ 使得 $f(x) = 0$, $f(y) = 1$。因此，对于紧 Hausdorff 空间 X，连续函数代数 $\mathcal{C}(X, \mathbb{R})$ 是分离点的。我们在接下来还将看到如何使用 Urysohn 引理构造连续函数来证明 Urysohn 度量化定理，以及如何应用 Urysohn 引理延拓连续函数的定义域，即 Tietze 延拓定理。

注意，对于度量空间，Urysohn 引理的证明是很简单的，因为对于度量空间，我们已经有一个非常好的连续函数——距离函数，我们可以直接使用

$$f(x) = \frac{d_A(x)}{d_A(x) + d_B(x)} \qquad (2.9.1)$$

但是，对于一般的正规空间，构造连续函数是复杂的。我们如何在一个抽象拓扑空间上构造连续函数呢？证明的核心想法：函数是由它的等高线（水平集）刻画的。于是，要构造一个连续函数，我们只要为它指定足够密集（且足够好）的等高线。当然，在一般拓扑空间中我们并没有"线"的概念，但是我们可以通过指定函数的下水平集来替代等高线。怎么指定下水平集呢？当然是用特定的开集！

2）Urysohn 引理的证明

下面我们证明 Urysohn 引理。

证明：

（$\Longleftarrow$）这是容易证明的部分。设 A, B 是 X 中不交的闭集，且存在连续函数 $f: X \to [0, 1]$ 使得 $A \subset f^{-1}(0)$, $B \subset f^{-1}(1)$，则 $f^{-1}([0, \frac{1}{3}))$ 和 $f^{-1}((\frac{2}{3}, 1])$ 是 A 和 B 的不相交的开邻域，故 $(X, \mathscr{T})$ 是正规的。

（$\Longrightarrow$）步骤1：构造一列下水平集。

我们假设 A 是闭集，U 是开集且 $A \subset U$。我们记 $A = A_0$, $U = U_1$。由于 X 是正规的，我们可以找到开集 $U_{\frac{1}{2}}$ 和闭集 $A_{\frac{1}{2}}$（可以取 $A_{\frac{1}{2}} = \overline{U_{\frac{1}{2}}}$），使得 $A_0 \subset U_{\frac{1}{2}} \subset A_{\frac{1}{2}} \subset U_1$。再重复两次上述过程，我们得到 $A_0 \subset U_{\frac{1}{4}} \subset A_{\frac{1}{4}} \subset U_{\frac{1}{2}} \subset A_{\frac{1}{2}} \subset U_{\frac{3}{4}} \subset A_{\frac{3}{4}} \subset U_1$。通过归纳，对于每个二进有理数 $r \in D := \left\{ \frac{m}{2^n} \ \middle| \ n, m \in \mathbb{N}, 1 \leqslant m \leqslant 2^n \right\}$，我们可以构造一个开集 U_r 和一个闭集 A_r，使得

① $U_r \subset A_r, \forall r \in D$。

② $A_r \subset U_{r'}, \forall r < r' \in D$。

步骤2：从下水平集构造连续函数。

现在我们定义 $f(x) = \inf\{r : x \in U_r\} = \inf\{r : x \in A_r\}$，其中第二个等号来自①和②，且我们在这里定义 $\inf \emptyset = 1$。于是显然有 $A \subset f^{-1}(0)$ 且 $B = U^c \subset f^{-1}(1)$。下面证明 f 是连续的。因为 $\{[0, \alpha) | \alpha \in D\} \cup \{(\alpha, 1] | \alpha \in D\}$ 是 $[0, 1]$ 上标准拓扑的一个子基，故只需证明对 $\forall \alpha \in D$，$f^{-1}([0, \alpha))$ 和 $f^{-1}((\alpha, 1])$ 都是开集。这两条可由 $f^{-1}([0, \alpha)) = \bigcup_{r < \alpha} U_r$ 且 $f^{-1}((\alpha, 1]) = \bigcup_{r > \alpha} A_r^c$ 得到。

注：正则空间是否有类似的性质？答案是否定的。于是，点与闭集可用函数分离是跟点与闭集可用开集分离不同的分离性质。

完全正则空间

如果对于拓扑空间 X 中的任意闭子集 A 和任意 $x_0 \notin A$，都存在连续函数 $f : [0, 1] \to X$ 使得 $f(x_0) = 0$ 且 $f(A) = 1$，则我们称拓扑空间 X 是完全正则空间。

显然完全正则空间必然是正则空间，但反之不成立。读者不妨仔细分析一下 Urysohn 引理的证明过程，看看为什么无法用同样的方法构造出用以分离点和闭集的连续函数。

3）F_σ 集和 G_δ 集

注意 Urysohn 引理的结论是 $f(A) = 0$，$f(B) = 1$，即 $A \subset f^{-1}(0)$，$B \subset f^{-1}(1)$。

问题1：对于正规空间里不交的闭集 A 和 B，是否存在连续函数 f 使得 $A = f^{-1}(0)$，$B = f^{-1}(1)$?

对于度量空间，这个问题有一个简单的答案。由 (2.9.1) 定义的函数 f 满足要求。然而，对于一般的正规空间，我们还需要对 A 和 B 做出额外假设。为了明白这一点，让我们先考虑下面这个更基本的问题。

问题2：拓扑空间里的子集 A 是某个连续函数零点集的必要条件是什么？

当然，我们需要 A 是一个闭集. 但这还不够，因为 $\{0\} = \bigcap_{n=1}^{\infty} (-\frac{1}{n}, \frac{1}{n})$，我们必须有 $f^{-1}(0) = \bigcap_{n=1}^{\infty} f^{-1}\left((-\frac{1}{n}, \frac{1}{n})\right)$。换句话说，$f^{-1}(0)$ 可以被表示成 X 中可数多个开集的交集。

（1）G_δ-集与 F_σ-集

设 $(X, \mathscr{T})$ 是拓扑空间，$A \subset X$。

①如果 A 可以被表示成可数多个开集的交集，我们称 A 是 G_δ-集。

②如果 A 可以被表示成可数多个闭集的并集，我们称 A 是一个 F_σ-集。

我们先看几个简单的例子。

①有理数集合 $\mathbb{Q} \subset \mathbb{R}$ 是 F_σ-集，而无理数集合 $\mathbb{R} \setminus \mathbb{Q} \subset \mathbb{R}$ 是 G_δ-集。

②度量空间 (X, d) 中的任意闭子集 F 都是 G_δ-集，$x \in F$ 当且仅当 $d_F(x) = 0$，从而我们有 $F = \bigcap_{n=1}^{\infty} \left\{ x \mid d_F(x) < \frac{1}{n} \right\}$。

③考虑赋有乘积拓扑的空间 $X = \{0,1\}^{\mathbb{R}}$，则X是紧Hausdorff空间，从而它是(T4)空间，且每个单点集$\{a\}$都是闭集。然而，$\{a\}$不是 G_δ-集。事实上，X的每个非空 G_δ-集一定是无穷集。由乘积拓扑的定义，X 中的每个开集 U 仅在有限多个位置处取值不是整个 $\{0,1\}$，这意味着每个 G_δ-集仅在可数多的位置处取值不是整个 $\{0,1\}$，因此它包含（不可数）无穷多个元素。因此，我们发现 $\{0,1\}^{\mathbb{R}}$ 上任意一个有零点的连续函数一定同时在不可数多个点处为零。

连续函数的零点集 $f^{-1}(0)$ 一定是一个闭 G_δ-集。

（2）水平集 $\Longleftrightarrow$ 闭G_δ-集

设X是正规空间。则存在连续函数 $f : X \to [0,1]$ 满足 $f^{-1}(0) = A$ 当且仅当A是X中的闭G_δ-集。

证明：只需证明正规空间里的闭 G_δ-集都是连续函数的零点集。由于A是G_δ-集，在X中存在一族开集 U_n 使得 $A = \bigcap\limits_{n=1}^{\infty} U_n$。根据 Urysohn 引理，存在连续函数$g_n : X \to [0,1]$使得 $A \subset g_n^{-1}(0)$，$U_n^c \subset g_n^{-1}(1)$。现在我们定义 $f(x) = \sum\limits_{n=1}^{\infty} \frac{1}{2^n} g_n(x)$。则 f 是连续的（因为连续函数列 $\sum\limits_{n=1}^{m} \frac{1}{2^n} g_n(x)$ 一致收敛到 $f(x)$），且 $f(A) = 0$。此外，对于任意 $x \notin A$，存在 n 使得 $x \in U_n^c$，即 $g_n(x) = 1$，因此 $f(x) \neq 0$。于是 $f^{-1}(0) = A$。

4）Urysohn引理的一个变体

Urysohn引理的变体

设 $(X, \mathscr{T})$ 为正规空间，$A, B \subset X$。则存在连续函数 $f : X \to [0,1]$ 使得 $f^{-1}(0) = A$，$f^{-1}(1) = B$ 当且仅当A, B是X中不相交的闭G_δ-集。

证明：显然，如果存在这样的连续函数 f，那么 A, B 必须是不相交的闭 G_δ-集。反之，设 A, B 是不相交的闭 G_δ-集。存在连续函数 $f_i : X \to [0,1]$ $(i = 1, 2)$ 使得 $f_1^{-1}(0) = A$，$f_2^{-1}(0) = B$。因为 $A \cap B = \emptyset$，所以在 X 上恒有 $f_1 + f_2 > 0$。于是我们可以定义 $f(x) = \frac{f_1(x)}{f_1(x) + f_2(x)}$，$\forall x \in X$。显然 $f : X \to [0,1]$ 是连续的，而且 $f^{-1}(0) = A$，$f^{-1}(1) = B$。

5）Urysohn引理（LCH 版本）

我们可以不假设X是正规空间，而假设 X 是 LCH 空间，即局部紧 Hausdorff 空间。这里最关键的是，尽管局部紧 Hausdorff 空间不一定是正规的（因此我们可能无法分离不相交的闭集），但我们仍然有一个很好的分离性质，它让我们可以将不相交的紧集与闭集分开！于是很自然地会考虑用连续函数分离不相交的紧集与闭集。事实上，我们还可以进一步要求用于分离不交的紧集与闭集的连续函数仅在某个紧集上有非零的值。这类仅在紧集上取非零值的函数在应用中非常重要，为此我们给出如下定义。

（1）紧支撑函数

设 X 是拓扑空间，$f \in \mathcal{C}(X, \mathbb{R})$ 是连续函数。我们称闭集 $\mathrm{supp}(f) := \overline{\{x \mid f(x) \neq 0\}}$ 为 f 的支撑集。如果 f 的支撑集合 $\mathrm{supp}(f)$ 是紧集，则我们称 f 是一个紧支函数。

拓扑空间 X 上所有紧支函数的集合记为 $\mathcal{C}_c(X, \mathbb{R})$，它是有界连续函数集合的子集。

现在我们可以陈述 LCH 空间的 Urysohn 引理，注意其条件与结论跟标准的 Urysohn 引理均略有不同。

（2）LCH空间的 Urysohn 引理

设 X 是 LCH 空间，K, F 是 X 中的不相交子集，其中 K 是紧集且 F 是闭集，那么存在一个紧支的连续函数 $f : X \to [0, 1]$ 使得 $f(K) = 1$ 和 $f(F) = 0$。

证明：由 LCH 中紧集与闭集的分离命题，存在开集 V 使得 $\overline{V}$ 是紧集，且 $K \subset V \subset \overline{V} \subset F^c$。注意到子空间 $\overline{V}$ 是紧 Hausdorff 空间，从而是正规空间。于是在 $\overline{V}$ 中对 $K \subset V$ 应用 Urysohn 引理，存在连续函数 $f_0 : \overline{V} \to [0, 1]$ 使得 $f_0(K) = 1$，$f_0(\overline{V} \setminus V) = 0$。令 $f_1 : V^c \to [0, 1]$ 为恒零函数。则 f_0, f_1 分别为定义在闭集 $\overline{V}$ 和 V^c 上的连续函数，且在交集 $\overline{V} \cap V^c = \overline{V} \setminus V$ 上相同。于是由粘结引理，可得到连续函数 $f : X \to [0, 1]$。最后因为 $\mathrm{supp}(f)$ 是紧集 $\overline{V}$ 中的闭集，所以是紧集，即 f 是紧支函数。

因此，任意 LCH 空间都是完全正则空间。

2.9.2　Urysohn度量化定理

1）可度量化性质

度量空间是一类非常特殊的拓扑空间，具有很多良好的性质。那么，哪些拓扑空间的拓扑可以由度量生成？

可度量化空间

设 $(X, \mathcal{T})$ 是拓扑空间。如果在 X 上存在度量结构 d 使得度量拓扑 $\mathcal{T}_d$ 与 $\mathcal{T}$ 一致，则我们称 $(X, \mathcal{T})$ 是可度量化的。

例如，$([0, 1]^{\mathbb{N}}, \mathcal{T}_{\mathrm{product}})$ 是可度量化的，而 $([0, 1]^{\mathbb{N}}, \mathcal{T}_{box})$ 和 $(\{0, 1\}^{\mathbb{R}}, \mathcal{T}_{\mathrm{product}})$ 都不是可度量化的，因为它们不是第一可数的。

可度量化的拓扑空间必须是第一可数的、Hausdorff 的和正规的。然而，这些条件是不充分的。

例如：Sorgenfrey 直线 $(\mathbb{R}, \mathcal{T}_{\mathrm{sorgenfrey}})$ 是第一可数的、Hausdorff 的和正规的，但不是可度量化的。

①我们已经证明了 $(\mathbb{R}, \mathcal{T}_{\mathrm{sorgenfrey}})$ 是第一可数的。

②它可分但不是第二可数的，从而它不是可度量化的。

③它是 Hausdorff 的，这是因为任意 $x < y$ 可以用开集 $[x, y)$ 和 $[y, y + 1)$ 分隔开。

④还需要证明 $(\mathbb{R}, \mathcal{T}_{\mathrm{sorgenfrey}})$ 是正规的，即不相交的闭集可以被不相交的开集分隔开。设 A, B 是 $(\mathbb{R}, \mathcal{T}_{\mathrm{sorgenfrey}})$ 中不相交的闭集。对任意 $a \in A$，我们有 $a \in B^c$。因为 B^c 是开

集，我们可以取 $\varepsilon_a > 0$ 使得 $[a, a + \varepsilon_a) \cap B = \emptyset$。类似地，对于任意 $b \in B$ 我们取 $\varepsilon_b > 0$ 使得 $[b, b + \varepsilon_b) \cap A = \emptyset$。注意对于 $\forall a \in A$ 和 $b \in B$，我们总有 $[a, a + \varepsilon_a) \cap [b, b + \varepsilon_b) = \emptyset$，否则我们有 $b \in [a, a + \varepsilon_a)$ 或 $a \in [b, b + \varepsilon_b)$，矛盾。因此 $U_A := \cup_{a \in A}[a, a + \varepsilon_a)$ 和 $U_B := \cup_{b \in B}[b, b + \varepsilon_b)$ 是分隔 A 和 B 的不相交开集。

2）Urysohn 度量化定理

尽管一般的度量化问题很困难，但对于第二可数空间，这个问题有一个简单的答案。

Urysohn 度量化定理

第二可数拓扑空间 $(X, \mathcal{T})$ 是可度量化的当且仅当它是 Hausdorff 且正规的。

注意，不能把 Urysohn 度量化定理中的条件第二可数改为可分离。因为紧 Hausdorff 空间都是正规的，所以结合推论紧度量空间 $\Longrightarrow$ 第二可数我们得到 CH 空间：可度量化 $\Longleftrightarrow$ (A2)。

紧 Hausdorff 空间是可度量化的当且仅当它是第二可数的。

Urysohn 度量化定理的证明类似于紧度量空间 = Hilbert 立方体的闭子空间定理。我们将 $(X, \mathcal{T})$ 嵌入 Hilbert 立方体 $[0, 1]^{\mathbb{N}}$，这样 $(X, \mathcal{T})$ 就继承了一个子空间度量。唯一的区别是我们现在没有可数稠密子集，所以无法用到可数多个点的距离来定义嵌入，作为替代，我们将利用可数基以及 Urysohn 引理构造足够多的连续函数来定义所需的嵌入。

3）Urysohn 度量化定理的证明

证明：只需证明第二可数的 Hausdorff 正规空间是可度量化的。正如我们上面提到的，我们要构造一个嵌入 $F : X \to [0, 1]^{\mathbb{N}}$。我们设 $\mathcal{B} = \{B_n | n \in \mathbb{N}\}$ 是 $\mathcal{T}$ 的一组可数基。

步骤1：分隔集合。对任意 $x \in X$ 和 x 的任意开邻域 U，寻找 (m, n) 使得 $x \in B_n \subset \overline{B_n} \subset B_m \subset U$。

对任意 $x \in X$ 和 x 的任意开邻域 U，我们首先选取 B_m 使得 $x \in B_m \subset U$。由于 $\{x\}$ 和 B_m^c 是 X 中不相交的闭集，根据正规空间的定义，存在开集 U_1, V_1 使得 $x \in U_1$，$B_m^c \subset V_1$，$U_1 \cap V_1 = \emptyset$。又因为 $\mathcal{B}$ 是一个拓扑基，所以存在 $B_n \in \mathcal{B}$ 使得 $x \in B_n \subset U_1$。因此 $\overline{B_n} \subset \overline{U_1} \subset V_1^c \subset B_m$。所以 $x \in B_n \subset \overline{B_n} \subset B_m \subset U$。

步骤2：构造函数。构造连续函数列 $f_1, f_2, \cdots$ 满足：$\forall x \in X$ 和任意开集 $U \ni x, \exists n$ 使得 $f_n(x) = 1$，$f_n(U^c) = 0$。

首先，我们记 $I := \{(m, n) \in \mathbb{N} \times \mathbb{N} \mid \overline{B_n} \subset B_m\}$。由步骤1，$I \neq \emptyset$。对于任意 $(m, n) \in I$，我们对不相交的闭集 $\overline{B_n}$ 和 B_m^c 应用 Urysohn 引理，得到一个连续函数 $g_{n,m} : X \to [0, 1]$ 使得 $g_{n,m}(\overline{B_n}) = 1$ 且 $g_{n,m}(B_m^c) = 0$。因为 I 是可数集，我们可以将这些 $g_{n,m}$ 重新编号为 $f_1, f_2, f_3, \cdots$。根据步骤1，函数列 $f_1, f_2, \cdots$ 满足要求的性质。

步骤3：完成度量化。将 X 嵌入 Hilbert 方体 $[0, 1]^{\mathbb{N}}$。

最后我们定义 $F : X \to [0, 1]^{\mathbb{N}}$，$x \mapsto (f_1(x), f_2(x), \cdots)$。我们想证明 F 是从 X 到 $F(X) \subset [0, 1]^{\mathbb{N}}$ 的同胚。因为 $F(X)$ 是度量空间 $[0, 1]^{\mathbb{N}}$ 中的一个子集，它上面存在一个子空间度量 d_0 使得度量拓扑与子空间拓扑一致。将该度量拉回到 X，即在 X 上定义度量 $d(x_1, x_2) :=$

$d_0(F(x), F(y))$。由定义，$F : (X, d) \to (F(X), d_0)$ 是等距同构。从而我们还有同胚 $F : (X, \mathscr{T}_d) \to (F(X), \mathscr{T}_{d_0})$。由此可得 X 上的度量拓扑 $\mathscr{T}_d$ 与 X 上的原始拓扑 $\mathscr{T}$ 相同，从而 X 是可度量化的。

下面证明 F 是从 X 到 $F(X) \subset [0, 1]^{\mathbb{N}}$ 的同胚。

①因为所有 f_i 都是连续的，所以 F 是连续的。

② F 是单射。对任意 $x \neq y$，有 $x \in \{y\}^c$，因此存在 n 使得 $f_n(x) = 1$ 且 $f_n(y) = 0$。于是 F 是从 X 到 $F(X)$ 的连续双射。

③ F 从 X 到其像集 $F(X)$ 的一个开映射，设 $U \subset X$ 是开集，需要证明 $F(U)$ 是 $F(X)$ 里面的开集。为此我们任取 $z_0 \in F(U)$ 以及 $x_0 \in U$ 使得 $z_0 = F(x_0)$。由步骤2，存在 n 使得 $f_n(x_0) = 1$ 且 $f_n(U^c) = 0$。设 $V = \pi_n^{-1}((0, +\infty))$，其中 π_n 是从 $[0, 1]^{\mathbb{N}}$ 到它的第 n 个分量的投影映射。则 V 在 $[0, 1]^{\mathbb{N}}$ 中是开集。所以 $W := V \cap F(X)$。在 $F(X)$ 中是开集。为了证明 F 是开映射，只需证明 $z_0 \in W \subset F(U)$。

a. 我们有 $z_0 \in W$，这是因为 $\pi_n(z_0) = \pi_n(F(x_0)) = f_n(x_0) > 0$。

b. 我们有 $W \subset F(U)$，这是因为对任意 $z \in W$，存在 x 使得 $F(x) = z$ 且 $f_n(x) > 0$，由此推出 $x \in U$，从而 $z \in F(U)$。

注：仔细回顾上述证明的第三步，我们不难发现，设 X 是(T1)空间，$\{f_\alpha \mid \alpha \in J\}$ 是 X 上的一族连续函数，满足 $\forall x \in X$ 和任意开集 $U \ni x, \exists \alpha \in J$ 使得 $f_\alpha(x) = 1$，$f_\alpha(U^c) = 0$。则我们可以得到一个拓扑嵌入 $F : X \to [0, 1]^J$。

另一方面，根据完全正则空间的定义，我们可以找到这样一族函数当且仅当 X 是完全正则空间。因为完全正则空间必然是(T3)空间，而在(T3)空间里(T1)与(T2)等价，于是我们得到完全正则+Hausdorff $\Longrightarrow$ 嵌入方体。

若 X 是 Hausdorff 且完全正则空间，则 X 可以被拓扑嵌入某个方体 $[0, 1]^J$ 中。

因此，任何 LCH 空间可以被拓扑嵌入方体中，任何(T2)且(T4)空间可以被嵌入方体中。

2.10 Tietze 扩张定理

下面应用 Urysohn 引理证明 Tietze 扩张定理，并给出 Urysohn 引理和 Tietze 扩张定理的一些应用。

2.10.1 Tietze 扩张定理

1）扩张

在分析中，将给定的函数或映射从较小的区域扩张到较大的区域且同时保留一些特定的性质，如连续性（或光滑性）、有界性等总是很重要的。为此，我们先给出关于扩张的定义。

扩张

设 $A \subset X$ 是一个子集，$f: A \to Y$ 是定义在 A 上的一个映射。如果定义在全空间 X 上的映射 $\tilde{f}: X \to Y$ 满足 $\tilde{f}(x) = f(x)$，$\forall x \in A$，则我们称映射 $\tilde{f}$ 是映射 f 的一个扩张。

例如，任意函数 $f: A \to \mathbb{R}$ 都有一个简单的扩张，即零扩张。

$$\tilde{f}(x) = \begin{cases} f(x), & x \in A, \\ 0, & x \notin A \end{cases}。$$

当然，其最重要的性质之一是连续性。所以我们希望把定义在子集上的连续映射扩张为全空间的连续映射。于是，给定子空间上的连续映射 $f: A \to Y$，是否存在连续扩张 $f: X \to Y$？如果存在，是否唯一？不难想象，唯一性一般是没有的，因为映射在 A 上的取值无法控制映射在跟 A 中的点较远处的点上的取值。但是，如果 A 是稠密的，则我们有稠密子集扩张的唯一性。

设 Y 是 Hausdorff 空间，A 是 X 的稠密子集，$f: A \to Y$ 是连续映射。则至多存在一个连续扩张 $f: X \to Y$。

如果 A 不是闭集，则我们不能期望将所有定义在 A 上的连续函数扩张为定义在 X 上的连续函数。

例如，如果 $A \subset \mathbb{R}$ 不是闭集，那么存在一个数 $a \in A'$ 但 $a \notin A$。考虑 A 上的（有界）连续函数 $f(x) := \sin \dfrac{1}{x-a}$，它显然不能被扩张为 $\mathbb{R}$ 上的连续函数。

2）Tietze 扩张定理

如果 X 是正规空间且 A 是 X 中的闭集，则 Tietze 扩张定理告诉我们 A 上的任何连续函数 f 都可以连续扩张为 X 上的连续函数，且若 f 是有界的，则扩张之后的函数可以具有相同的界。

Tietze 扩张定理

拓扑空间 $(X, \mathscr{T})$ 是正规空间当且仅当对于任意闭集 $A \subset X$，A 上的任意连续函数 $f: A \to [-1,1]$ 可以被扩张为 X 上的连续函数 $\tilde{f}: X \to [-1,1]$。

Tietze 扩张定理可以看作是 Urysohn 引理的推广（尽管它们实际上是等价的），因此可以直接适用于更多的情况，是拓扑学中最有用的定理之一。

构造扩张的想法：我们考虑限制映射 $r_A: \mathcal{C}(X, [-1,1]) \to \mathcal{C}(A, [-1,1])$，$g \mapsto g|_A$。我们只要证明 r_A 是满射即可，换言之，我们需要求解方程 $r_A(g) = f$。为此，我们应用分析中的标准技巧。

① 首先，找到该方程的一个近似解。

思路：我们只会用 Urysohn 引理构造全空间的连续函数。于是，直接对 f 操作是不方便的。为此，我们把 f 做一个截断，即

$$\bar{f}: A \to [0,1], \ \bar{f}(x) := \begin{cases} 1/3, & \text{若 } f(x) \geqslant 1/3, \\ f(x), & \text{若 } |f(x)| \leqslant 1/3, \\ -1/3, & \text{若 } f(x) \leqslant -1/3 \end{cases}。$$

由定义，它是函数 f 的一个近似，$|f(x) - \bar{f}(x)| \leqslant \frac{2}{3}$，$\forall x \in A$。接下来我们用 Urysohn 引理构造连续函数 $g : X \to [0,1]$，使得 $r_A(g) \approx \bar{f}$。根据构造，$\bar{f}$ 在一个闭子集上达到最大值 $\frac{1}{3}$，在另一个闭子集上达到最小值 $-\frac{1}{3}$。对这两个闭集用 Urysohn 引理即可得到我们想要的函数。

②然后，迭代地寻找一列越来越好的近似解。

③最后，证明这一列近似解收敛到真正的解。

3）Tietze 扩张定理的证明

证明：（$\Leftarrow$）设 A, B 是在 X 中不相交的闭集。那么 $A \cup B$ 在 X 中是闭集并且 $f : A \cup B \to [-1, 1]$，

$$f(x) = \begin{cases} -1, & x \in A \\ 1, & x \in B \end{cases}$$

是 $A \cup B$ 上的连续函数。根据假设，f 可以扩张为连续函数 $\widetilde{f} : X \to [-1, 1]$ 且在 $A \cup B$ 上 $\widetilde{f} = f$。于是 $f^{-1}((-\infty, 0))$ 和 $f^{-1}((0, +\infty))$ 是 A 和 B 的不相交的开邻域，从而 X 是正规的。

（$\Rightarrow$）按照前面的分析，我们把证明过程分成三步：

步骤1：构造一个近似解。

我们取 $A_1 := \{x \in A \mid f(x) \geqslant \frac{1}{3}\}$ 和 $B_1 := \{x \in A \mid f(x) \leqslant -\frac{1}{3}\}$，则 A_1 和 B_1 是 X 中不相交的闭集。由 Urysohn 引理，存在连续函数 $g : X \to [-\frac{1}{3}, \frac{1}{3}]$ 使得 $g(A_1) = \frac{1}{3}$ 且 $g(B_1) = -\frac{1}{3}$。不难验证，$g(x)$ 还满足 $|f(x) - r_A(g)(x)| \leqslant \frac{2}{3}$，$\forall x \in A$。

步骤2：进行迭代。

记 $f = f_1$。由步骤1，我们得到了一个连续函数 $g_1 : X \to [-\frac{1}{3}, \frac{1}{3}]$ 使得 $|f_1(x) - r_A(g_1)(x)| \leqslant \frac{2}{3}$，$\forall x \in A$。将 f 替换为 $f_2 = f_1 - r_A(g_1)$ 并重复步骤1，我们可以得到连续函数 $g_2 : X \to [-\frac{1}{3} \cdot \frac{2}{3}, \frac{1}{3} \cdot \frac{2}{3}]$ 使得 $|f_2(x) - r_A(g_2)(x)| \leqslant (\frac{2}{3})^2$，$\forall x \in A$。继续重复这个过程，我们可以找到一列连续函数 $g_n : X \to [-\frac{1}{3}(\frac{2}{3})^{n-1}, \frac{1}{3}(\frac{2}{3})^{n-1}]$ 使得如果我们记 $f_n = f_{n-1} - r_A(g_{n-1})$，则 $|f_n(x) - r_A(g_n)(x)| \leqslant (\frac{2}{3})^n$，$\forall x \in A$。

步骤3：收敛到解。

定义函数 $\widetilde{f}(x) := \sum_{n=1}^{\infty} g_n(x)$。因为每个 g_n 在 X 上都是连续的，并且 $|g_n(x)| \leqslant \frac{1}{3}(\frac{2}{3})^{n-1}$，所以该级数一致收敛，从而 $\widetilde{f}$ 在 X 上是连续的，并且 $|\widetilde{f}(x)| \leqslant \sum_{n=1}^{\infty} \frac{1}{3}(\frac{2}{3})^{n-1} = 1$，$\forall x \in X$。最后，对于 $\forall x \in A$ 以及 $\forall N \in \mathbb{N}$，我们有

$$\left| f(x) - \sum_{n=1}^{N} g_n(x) \right| = \left| f_2(x) - \sum_{n=2}^{N} g_n(x) \right| = |f_N(x) - g_N(x)| \leqslant (\frac{2}{3})^N。$$ 所以

对于 $x \in A$ 有 $f(x) = \widetilde{f}(x)$。

4）扩张无界连续函数

在Tietze扩张定理的叙述中，我们可以把像空间 $[-1, 1]$ 替换为任意闭区间 $[a, b]$。下面我们给出 Tietze 扩张定理的一个不那么明显的变体，把 $[-1, 1]$ 替换为 $\mathbb{R}$。

无界连续函数的 Tietze 扩张定理

设 X 是正规空间，且 $A \subset X$ 是闭集，则任意连续函数 $f : A \to \mathbb{R}$ 都可以扩张为连续函数 $\widetilde{f} : X \to \mathbb{R}$。

证明：将 f 与反正切函数 $\arctan : \mathbb{R} \to \left(-\frac{\pi}{2}, \frac{\pi}{2}\right)$ 复合，我们得到一个连续函数 $f_1 :=$ $\arctan \circ f : A \to (-\frac{\pi}{2}, \frac{\pi}{2})$。由Tietze扩张定理，$f_1$ 可以被扩张为连续函数 $\widetilde{f_1} : X \to [-\frac{\pi}{2}, \frac{\pi}{2}]$。令 $B = \widetilde{f_1}^{-1}(\pm \frac{\pi}{2})$。则 B 是 X 的闭子集且 $B \cap A = \emptyset$。由Urysohn引理，存在连续函数 $g : X \to [0, 1]$ 使得 $g(A) = 1$ 且 $g(B) = 0$。定义 $h(x) = \widetilde{f_1}(x)g(x)$。那么 h 是将 X 映射到开区间 $(-\frac{\pi}{2}, \frac{\pi}{2})$ 的连续函数。最后我们令 $\widetilde{f}(x) = \tan h(x)$。则 $\widetilde{f} : X \to \mathbb{R}$ 是连续的，并且对于 $\forall x \in A$，我们有 $\widetilde{f}(x) = \tan h(x) = \tan \widetilde{f_1}(x) = \tan f_1(x) = x$。

类似地，我们还可以扩张复值函数或扩张Lipschitz函数，甚至将光滑函数扩张为光滑函数（Whitney扩张定理）等。

5）LCH 空间的Tietze扩张定理

类似于 LCH 空间的 Urysohn 引理，我们也可以把条件 X 是正规空间替换为 X 是 LCH 空间。此时，因为 LCH 空间未必是正规空间，一般而言我们无法将所有定义在 X 的闭集上的连续函数做连续扩张，但是我们可以将所有定义在 X 的紧集上的连续函数做连续扩张，而且，我们还能让扩张后的连续函数具有紧支集。

LCH 空间的 Tietze 扩张定理

设 X 为 LCH 空间，K 为 X 的紧子集。那么任意连续函数 $f : K \to [-1, 1]$ 都可以被扩张为具有紧支集的连续函数 $\widetilde{f} : X \to [-1, 1]$。

证明：取开集 V 使得 $\overline{V}$ 是紧集，且 $K \subset V \subset \overline{V} \subset X$，然后对子空间 $\overline{V}$（它是紧Hausdorff空间，从而也是正规空间）应用Tietze扩张定理，$K \cup (\overline{V} \setminus V)$ 是 $\overline{V}$ 中的闭集，函数

$$f_1(x) = \begin{cases} f(x), & x \in K \\ 0, & x \in \overline{V} \setminus V \end{cases}$$ 是定义在该闭集上的连续函数，从而可以被扩张为连续函数

$\widetilde{f_1} : \overline{V} \to [-1, 1]$。最后将 $\widetilde{f_1}$ 做零扩张得到函数 $\widetilde{f} : X \to [-1, 1]$。由粘结引理，$\widetilde{f}$ 是连续函数，而且 $\text{supp}(f) \subset \overline{V}$ 是紧集的闭子集，从而也是紧集。

6）扩张连续映射的注记

我们可以把向量值连续函数 $f : A \to [0, 1]^n$，$f : A \to \mathbb{R}^n$ 或 $f : A \to [0, 1]^S$ 扩张为 X 上相应的向量值连续函数，即扩张为 $\widetilde{f} : X \to [0, 1]^n$，$\widetilde{f} : X \to \mathbb{R}^n$ 或 $\widetilde{f} : X \to [0, 1]^S$，其中 S 是任意集合。为此，我们只需分别扩张 f 的每个分量即可。

对于一般的拓扑空间 Y，我们不能期望将闭子集 A 上的任意连续函数 $f: A \to Y$ 都扩张为 X 上的连续函数 $\widetilde{f}: X \to Y$。例如：

①赋予 $\{0, 1\}$ 离散拓扑。为了将函数 $f: \{0, 1\} \to Y$ 扩张为连续函数 $\widetilde{f}: [0, 1] \to Y$ 一个必要条件是存在一个连续函数 $\gamma: [0, 1] \to Y$ 满足 $\gamma(0) = f(0), \gamma(1) = f(1)$。用后文的语言，我们需要 $f(0)$ 和 $f(1)$ 位于 Y 的同一个道路连通分支中。

②为了将连续函数 $f: S^1 \to Y$ 扩张为连续函数 $\widetilde{f}: D \to Y$，其中 D 是平面上的单位圆盘，我们需要像集 $f(S^1)$ 在 Y 中是可缩的（这是一种更高级别的连通性）。因此，我们将会看到恒等映射 $f: S^1 \to S^1$，$x \mapsto x$ 不能被扩张为连续映射 $\widetilde{f}: D \to S^1$。

2.10.2　Tietze 扩张定理与 Urysohn 引理的应用

下面我们给出 Tietze 扩张定理以及 Urysohn 引理的一些应用。

1）应用1：连续函数逼近可测函数

在实分析中，我们有 Lusin 定理，它告诉我们可测函数在很大一个区域上是连续函数。

Lusin 定理

设 X 是 LCH 空间，μ 是 X 上的一个正则 Radon 测度。设 $f: X \to \mathbb{R}$ 是 X 上的一个可测函数，且存在具有有限测度的 Borel 集 E 使得 f 在 E^c 上为 0。则对于任意 $\varepsilon > 0$，存在紧集 $K \subset E$ 使得 $\mu(E \setminus K) < \varepsilon$，且 f 在 K 上连续。

应用 LCH 版本的 Tietze 扩张定理，我们可以得到连续函数几乎处处逼近可测函数的推论。

在 Lusin 定理的假设下，存在一列紧支连续函数几乎处处收敛于 f。

证明：根据 Lusin 定理，存在满足条件 $\mu(E \setminus K) < \varepsilon$ 的紧集 $K \subset E$，使得 f 在 K 上连续。由 LCH 空间的 Tietze 扩张定理，存在 $g \in \mathcal{C}_c(X, \mathbb{R})$ 使得 $g|_K = f$。由外正则性，存在开集 $U \supset E$ 使得 $\mu(U \setminus E) < \varepsilon$。对于紧集 K 跟闭集 U^c 应用 LCH 空间的 Urysohn 引理，可得连续函数 $h \in \mathcal{C}_c(X, \mathbb{R})$ 使得 $h(K) = 1$，$h(U^c) = 0$。于是，对任意 $\varepsilon > 0$，我们得到紧支连续函数 $gh \in \mathcal{C}_c(X, \mathbb{R})$ 使得 $\mu(\{x \mid g(x)h(x) \neq f(x)\}) < 2\varepsilon$。最后分别取 $\varepsilon = \frac{1}{n}$，我们得到一列紧支连续函数 g_n 依测度收敛于 f。再由 Riesz 定理，g_n 有子列几乎处处收敛于 f。

2）应用2：度量空间中的伪紧性

我们引入一个新的紧性定义——伪紧。

（1）伪紧

若拓扑空间 X 上的所有连续函数都是有界的，则我们称 X 是伪紧的。

任意紧空间或者列紧空间都是伪紧的。反之一般不成立。

例如，考虑 $X = \mathbb{R} \cup \{\infty\}$，赋以拓扑 $\mathscr{T} = \{U \mid \infty \in U$ 或者 $U = \emptyset\}$。则 X 上不存在不交的非空开集，于是 X 上的任意连续函数必须是常数。但显然 X 是不紧的，因为开集族 $\{\{x, \infty\}_{x \in \mathbb{R}}\}$ 是一个没有有限子覆盖的开覆盖。

度量空间 X 是紧的当且仅当它是伪紧的。

（2）度量空间：紧=伪紧

度量空间 (X, d) 是紧的当且仅当任意连续函数 $f: X \to \mathbb{R}$ 是有界的。

证明：只要证明伪紧的度量空间是紧的。我们用反证法。假设度量空间 (X, d) 是伪紧的但不是紧的，则 (X, d) 不是极限点紧的。于是存在无限子集 $A = \{x_1, x_2, \cdots\}$ 使得 $A' = \varnothing$。因此，A 是闭集，并且每个 x_n 在 A 中都是孤立点。于是函数 $f: A \to \mathbb{R}$，$f(x_n) = n$ 是闭集 A 上的连续函数。由 Tietze 扩张定理，f 可以被扩张为连续函数 $\widetilde{f}: X \to \mathbb{R}$。于是 $\widetilde{f}$ 是 X 上的无界连续函数，矛盾。

注意，事实上我们证明了更强的结论——(T4) + 极限点紧 $\Longrightarrow$ 伪紧。

3）应用3：Cantor 集的应用

我们的第三个应用涉及 Cantor 集 $C = [0,1] \setminus \bigcup_{n=1}^{\infty} \bigcup_{k=0}^{3^{n-1}-1} \left(\dfrac{3k+1}{3^n}, \dfrac{3k+2}{3^n}\right)$。在前文中，我们证明了映射 $g: \{0,1\}^{\mathbb{N}} \to C \subset [0,1]$，$a = (a_1, a_2, \cdots) \mapsto \sum_{k=1}^{\infty} \dfrac{2}{3^k} a_k$ 是从 $(\{0,1\}^{\mathbb{N}}, \mathscr{T}_{\text{product}})$ 到 Cantor 集 C 的同胚，并证明了映射 $h: \{0,1\}^{\mathbb{N}} \to [0,1]^2$，$a = (a_1, a_2, \cdots) \mapsto \left(\sum_{k=1}^{\infty} \dfrac{a_{2k-1}}{2^k}, \sum_{k=1}^{\infty} \dfrac{a_{2k}}{2^k}\right)$ 是一个连续满射。于是，我们得到一个连续满射 $h \circ g^{-1}: C \to [0,1]^2$。由于 C 在 $[0,1]$ 中是闭集，因此由 Tietze 扩张定理，存在一个连续满射 $f: [0,1] \to [0,1]^2$。

一般而言，我们把从 $[0,1]$ 到拓扑空间的连续映射叫作曲线，于是我们得到了一条填满单位正方形的曲线！这种能填满正方形的曲线最早是 Peano 在 1890 年发现的。

（1）Peano 曲线

我们称任意一个从 $[0,1]$ 到 $[0,1]^2$ 的连续满射为一条 Peano 曲线或空间填充曲线。

所以，我们用 Cantor 集构造出的函数 f 是一条 Peano 曲线。存在 Peano 曲线这一事实，使得人们不得不仔细思考下面这个问题：什么是维数？连续映射可以把低维集合映满高维集合，那维数还是拓扑不变量吗？幸运的是，欧氏空间的维数确实是拓扑不变量。这个命题的证明远比我们想象的要复杂。

①我们给出的是 Peano 曲线存在性的非构造性证明。文献中也有许多构造性证明，可以从简单的曲线出发，迭代地构造一系列曲线，如图2-3所示，其极限是 Peano 曲线。

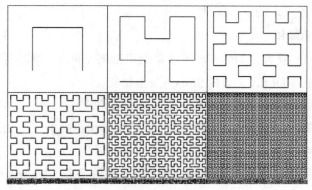

图2-3　曲线的迭代

②空间填充曲线并不只是理论上的奇迹。它们在现实生活中也有重要应用。例如，它可被用于将多维数据（地图数据）存储到计算机中（线性排列）。我们希望相近的地图数据（高维数据）被存储在数据库相近的位置，以便我们在使用地图时不必同时读取分散在很多不同地方的数据。

用类似的方法，可以构造连续满射 $f: [0,1] \to [0,1]^n$，甚至可以构造连续满射 $f: [0,1] \to [0,1]^{\mathbb{N}}$，为此，我们只要把 $\mathbb{N}$ 分解成可数个 $\mathbb{N}$ 的无交并，例如，$\mathbb{N} = \bigcup_n \{2^n(2k+1) \mid k \in \mathbb{N}\}$。然后，可以得到同胚 $h_\infty: \{0,1\}^{\mathbb{N}} \to (\{0,1\}^{\mathbb{N}})^{\mathbb{N}}$，从而得到一个连续满射 $f_\infty = (h, h, \cdots) \circ h_\infty \circ g^{-1}: C \to [0,1]^{\mathbb{N}}$。

（2）Cantor集的通有性

对任意紧度量空间 (X, d)，均存在从 Cantor 集 C 到 X 的连续满射。

证明：X 同胚于 $[0,1]^{\mathbb{N}}$ 的某个闭子集 F。由 f_∞ 的连续性，$f_\infty^{-1}(F)$ 是 C 的闭子集。存在连续映射 $f: C \to F$ 使得 $f|_F$ 是恒等映射。于是 $f_\infty \circ f$ 就是从 Cantor 集合 C 到 X 的连续满射。

4）应用4：Stone-Čech紧化

（1）紧化

设 X 是拓扑空间，Y 是紧拓扑空间，且存在拓扑嵌入 $f: X \to Y$ 使得 $\overline{f(X)} = Y$，则我们称紧拓扑空间 Y（以及嵌入映射 f）是拓扑空间 X 的紧化。

紧化实际上包含两个数据：空间 Y 以及嵌入映射 f。

我们学过如何用单点紧化（又称 Alexandrov 紧化）的方式去紧化任意一个非紧的拓扑空间 X。单点紧化 X^* 是把 X 的所有非紧的端口黏结在一个无穷远点处。在很多应用中，这种不分青红皂白全部粘在一起的紧化方式是不便于使用的。

一般而言，我们希望紧化的空间 Y 是 Hausdorff 的，因为我们知道紧 Hausdorff 空间具有很多良好的性质。为此，我们假设 X 是 LCH 空间，或者假设 X 是 Hausdorff 且完全正则的空间。映射 $\beta: X \to Q = [0,1]^{C(X,[0,1])}$，$x \mapsto ev_x$ 是一个拓扑嵌入。注意到方体 $Q = [0,1]^{C(X,[0,1])}$，作为紧 Hausdorff 空间 $[0,1]$ 的乘积空间，依然是紧 Hausdorff 空间。因此，$\beta X := \overline{\beta(X)} \subset [0,1]^{C(X,[0,1])}$ 是一个紧 Hausdorff 空间且映射 $\beta: X \to \beta X$ 是一个稠密的拓扑嵌入。于是 βX 是 X 的一个紧化。

（2）Stone-Čech紧化

设 X 是 LCH 空间（或者是 Hausdorff 且完全正则的空间）。我们称由 $\beta X := \overline{\beta(X)} \subset [0,1]^{C(X,[0,1])}$ 所定义的空间 βX 为 X 的 Stone-Čech 紧化。

如果 X 本身是紧 Hausdorff 的，那么 βX 跟 X 是同胚的。

给定任意连续函数 $f: X \to [0,1]$，考虑向 f 分量的投影映射 $\pi_f: [0,1]^{C(X,[0,1])} \to [0,1]$，则我们有 $\pi_f \circ \beta(x) = \pi_f(ev_x) = f(x)$。

换而言之，如果我们把 X 跟它的同胚像 $\beta(X)$ 等同起来，则 π_f 是 f 在 Q 上的一个扩张。当然，因为 Q 太大，一般而言扩张是不唯一的。但是，如果我们限制在 Stone-Čech 紧

化 βX 上，则扩张是唯一的。

（3）有界连续函数向紧化空间扩张

设 X 是 LCH 空间（或者是 Hausdorff 且完全正则的空间），则任意连续函数 $f: X \to [0,1]$ 可以被唯一扩张为连续函数 $\tilde{f} = \pi_f|_{\beta X}: \beta X \to [0,1]$。

证明：上面已经说明了 $\tilde{f} = \pi_f|_{\beta X}$ 是 f 的扩张，其唯一性由引理稠密子集扩张的唯一性可得。

下面假设 $\varphi: X \to Y$ 是一个连续映射。则对任意 $g \in \mathcal{C}(Y, [0,1])$，复合映射 $g \circ \varphi \in \mathcal{C}(X, [0,1])$，从而存在唯一的扩张 $\widetilde{g \circ \varphi}: \beta X \to [0,1]$。把所有这些函数放在一起，我们得到一个映射 $\beta\varphi: \beta X \to [0,1]^{\mathcal{C}(Y,[0,1])}$，使得 $\pi_g(\beta\varphi) = \widetilde{g \circ \varphi}$。由定义，对于任意 $x \in X$，$\beta\varphi(\beta_X(x)) = (\widetilde{g \circ \varphi}(\mathrm{ev}_x))_g = (\pi_{g\circ\varphi}(ev_x))_g = (g \circ \varphi(x))_g = ev_{\varphi(x)} = \beta_Y(\varphi(x))$，再根据上文内容，$\beta\varphi$ 的像落在 βY 里面，$\beta\varphi(\beta X) = \beta\varphi\overline{(\beta(X))} \subset \overline{\beta\varphi(\beta(X))} \subset \overline{\beta(Y)} = \beta Y$。

换而言之，我们得到连续映射的提升。

设 X, Y 是 LCH 空间（或者是 Hausdorff 且完全正则的空间）。则任意连续映射 $\varphi: X \to Y$ 可以被唯一提升为连续映射 $\beta\varphi: \beta X \to \beta Y$，使得 $\beta\varphi \circ \beta = \beta \circ \varphi$。

证明：前文已经说明了提升映射 $\beta\varphi: \beta X \to \beta Y$ 的存在性。至于唯一性，因为 $\beta\varphi$ 在稠密子集 $\beta(X)$ 上是由 $\beta\varphi \circ \beta = \beta \circ \varphi$ 所唯一确定，故由引理稠密子集扩张的唯一性可得 $\beta\varphi$ 在 βX 上的唯一性。

作为推论，我们证明 Stone-Čech 紧化的泛性质。

（4）Stone-Čech 紧化的泛性质

设 X 是 LCH 空间，则对于任意紧 Hausdorff 空间 Y 以及任意连续映射 $\varphi: X \to Y$，存在唯一的连续映射 $\tilde{\varphi}: \beta X \to Y$ 使得 $f \circ \beta = f$。进一步，Stone-Čech 紧化 βX 是唯一具有该性质的 Hausdorff 紧化。

证明：存在唯一性是命题连续映射的提升的直接推论，因为对于紧 Hausdorff 空间，βY 与 Y 同胚。

下面，证明 βX 是唯一满足该性质的紧 Hausdorff 空间。假设还有紧 Hausdorff 空间 Z 以及映射 $\gamma: X \to Z$ 满足同样的性质。则连续映射 $\beta: X \to \beta X$ 可被扩张为连续映射 $\tilde{\beta}: Z \to \beta X$，使得 $\tilde{\beta} \circ \gamma = \beta$。同理 $\gamma: X \to Z$ 可被扩张为 $\tilde{\gamma}: \beta X \to Z$，使得 $\tilde{\gamma} \circ \beta = \gamma$。我们注意到 $\tilde{\beta} \circ \tilde{\gamma}: \beta X \to \beta X$ 是连续映射，且在稠密子集 $\beta(X)$ 上有 $\tilde{\beta} \circ \tilde{\gamma} = \mathrm{Id}$。于是由引理稠密子集扩张的唯一性，我们在整个 βX 上有 $\tilde{\beta} \circ \tilde{\gamma} = \mathrm{Id}$。同理 $\tilde{\gamma} \circ \tilde{\beta} = \mathrm{Id}$。于是 Z 跟 βX 同胚。

注：非紧空间的紧化一般是不唯一的。若 X 有两个紧化 $\iota_i: X \to \overline{X}_i$，$i = 1, 2$，且存在连续映射 $g: X_1 \to X_2$ 使得 $g \circ \iota_1 = \iota_2$，则我们称紧化 $\iota_2: X \to \overline{X}_2$ 比紧化 $\iota_1: X \to \overline{X}_1$ 更精细。可以证明，对于非紧 LCH 空间，单点紧致化是最粗糙的紧化，而 Stone-Čech 紧化是最精细的紧化。

5）应用 5：单位分解（简单版本）

我们应用 Urysohn 引理证明一个简单版本的单位分解。我们称集族 $\{U_\alpha\}$ 是局部有限的，如果它满足 $\forall x \in X, \exists$ 开集 $U_x \ni x$ 使得仅有有限个 α 满足 $U_x \cap U_\alpha \neq \emptyset$。

单位分解（简单版本）

设 X 是正规空间且闭集族 $\{F_\alpha\}$ 覆盖 X（即 $\bigcup_\alpha F_\alpha = X$）。设 U_α 是 K_α 的开邻域且 $\{U_\alpha\}$ 是局部有限的，则存在连续函数 $\rho_\alpha : X \to [0,1]$ 使得

① $\rho_\alpha(F_\alpha) > 0$。

② $\rho_\alpha(U_\alpha^c) = 0$。

③ $\sum\limits_\alpha \rho_\alpha(x) = 1, \forall x \in X$。

证明：由 Urysohn 引理，存在连续函数 $g_\alpha : X \to [0,1]$ 使得 $g_\alpha(F_\alpha) = 1$，$g_\alpha(U_\alpha^c) = 0$。令 $g(x) = \sum\limits_\alpha g_\alpha(x)$，则在每个开集 U_x 上，g 是有限个连续函数的和，从而 g 是良好定义的，且在每个 U_x 是连续的。于是 g 是 X 上的连续函数。此外，因为 $\bigcup\limits_\alpha F_\alpha = X$，我们有 $g(x) \geqslant 1$，$\forall x$。最后，记 $\rho_\alpha(x) = \frac{g_\alpha(x)}{g(x)}$。易见这些 ρ_α 即为所求。

2.11 仿紧性与单位分解

仿紧性最早由法国数学家 Dieudonné 于 1944 年首次引入。就如紧性是广义的有限性，仿紧性可被视为是广义的局部有限性。相比于紧性、可数性、分离性，仿紧性显得不那么直观，但很快人们便发现仿紧性（以及相关的可数局部有限性）跟拓扑空间的可度量性密切相关。而当人们发现需要仿紧性的概念以使任意开覆盖都存在单位分解后（而单位分解是在流形上发展分析理论的基石），仿紧性就成了拓扑学的标准研究对象和重要工具。

2.11.1 仿紧空间

1）仿紧性的定义和例子

我们知道，对于紧空间，任何开覆盖都有有限子覆盖，从而我们可以通过考察局部性质得到整体性质。对于更一般的拓扑空间，我们无法期待可以把局部性质黏结成整体性质。然而，单位分解为我们提供了一种较弱的把局部数据黏结成整体数据的方式。虽然单位分解的定理中涉及的求和 $\sum_\alpha \rho_\alpha(x)$ 在整体上不是一个有限和，但是在每个点附近，它依然是有限和。

当然，能够做到单位分解的原因之一在于该定理的条件中，我们假设了开覆盖 $\{U_\alpha\}$ 是局部有限的。一般的开覆盖未必是局部有限的。

例如，考虑 $X = \mathbb{R}^n$ 的开覆盖 $\mathscr{U} = \{B(0, k) | k \in \mathbb{N}\}$。这当然不是一个局部有限开覆盖。但是，如果我们把每个开球 $B(0, k)$ 替换成更小的开球壳 $B(0,k) \setminus \overline{B(0, k-1)}$，则它们构成一个局部有限的开覆盖。注意到新覆盖 $\mathscr{U}_1 = \{B(0,k) \setminus \overline{B(0, k-1)} \mid k \in \mathbb{N}\}$ 中的每个集合都包含在原覆盖的某个集合里面，由覆盖的定义，新覆盖是原覆盖的一个局部有限的开加细。事实上，我们有 $\mathbb{R}^n$ 的任意开覆盖都有一个局部有限的开加细。

证明：设 $\mathscr{U}$ 是 $\mathbb{R}^n$ 的任意开覆盖。对于任意 $x \in \mathbb{R}^n$，存在 $0 < r_x \leqslant 1$ 和 $U \in \mathscr{U}$ 使得 $B(x, r_x) \subset U$。令 $\mathscr{U}_1 = \{B(x, r_x) | x \in \mathbb{R}^n\}$。那么 $\mathscr{U}_1$ 是 $\mathscr{U}$ 的一个加细。任意形如

$\overline{B(0,k+1)}\setminus B(0,k)$ 的闭球壳可以被 $\mathscr{U}_1$ 中的有限多个开球所覆盖。记 $\widetilde{\mathscr{U}}$ 为这些开球的集合。那么 $\widetilde{\mathscr{U}}$ 也是 $\mathbb{R}^n$ 的一个开覆盖，是 $\mathscr{U}$ 的一个加细，并且是局部有限的。

（1）仿紧

若拓扑空间 $(X,\mathscr{T})$ 的任意开覆盖都有局部有限的开加细，则我们称 X 是仿紧的。

我们给出几个仿紧/非仿紧的例子。

①显然紧空间都是仿紧的。

②任意离散拓扑空间都是仿紧的，因为由所有单点集构成的集族是任意开覆盖的局部有限开加细。

③我们刚刚证明了 $\mathbb{R}^n$ 是仿紧的。

④不仿紧的例子：考虑 $X=\mathbb{R}$，赋以上半连续拓扑 $\mathscr{T}_{u.s.c.}=\{(-\infty,a)|a\in\mathbb{R}\}$。则它不是仿紧的，因为开覆盖 $\mathscr{U}=\{(-\infty,n)\mid n\in\mathbb{Z}\}$ 没有局部有限加细。

一般而言，仿紧空间的子空间未必是仿紧的。

（2）仿紧的闭遗传性

仿紧空间中的闭子集是仿紧的。

证明：设 X 是仿紧的且 $A\subset X$ 是闭集。设 $\mathscr{U}$ 是 A 的任意开覆盖。令 $\mathscr{U}_1=\mathscr{U}\cup\{A^c\}$。那么它是 X 的开覆盖。根据定义，存在 $\mathscr{U}_1$ 的局部有限开加细 $\widetilde{\mathscr{U}_1}$。令 $\widetilde{\mathscr{U}}=\{U\in\widetilde{\mathscr{U}_1}\mid U\not\subset A^c\}$。则 $\widetilde{\mathscr{U}}$ 是 A 的开覆盖且是 $\mathscr{U}$ 的局部有限加细。

2）局部紧性 + 可数性 + 分离性 $\Longrightarrow$ 仿紧性

我们已经看到，仿紧性是如此复杂，以至于 $\mathbb{R}^n$ 的仿紧性都不是显然的。我们也提到，仿紧性最主要的用处之一在于构建分析中重要的工具——单位分解。此外，我们还知道，分析中重要的空间往往具有良好的局部性质（局部欧氏或者局部紧），良好的可数性和良好的分离性。于是，那些满足良好的局部紧性、可数性、分离性的空间是否一定是仿紧的？答案是肯定的。

（1）Lindelöf + 局部紧 + (T2) $\Longrightarrow$ 仿紧

任意局部紧、Hausdorff 且 Lindelöf 的拓扑空间是仿紧的。

局部紧 Hausdorff 空间都是正则的。

（2）Lindelöf + (T3) $\Longrightarrow$ 仿紧

任意 Lindelöf 的正则空间是仿紧的。

证明：设 X 是 Lindelöf 且 (T3) 的。设 $\mathscr{U}=\{U_\alpha\}$ 是 X 的任意开覆盖。对于任何 $x\in X$，我们选取 $\alpha(x)$ 使得 $x\in U_{\alpha(x)}$。因为 X 是 (T3) 的，所以我们可以找到开集 V_x 和 W_x 使得 $x\in V_x\subset\overline{V_x}\subset W_x\subset\overline{W_x}\subset U_{\alpha(x)}$。现在 $\mathscr{V}=\{V_x\}$ 是 X 的开覆盖。由于 X 是 Lindelöf，我们可以找到一个可数子覆盖 $\{V_1,V_2,V_3,\cdots\}\subset\mathscr{V}$。注意，此时 $\{W_1,W_2,W_3,\cdots\}$ 也是 X 的开覆盖。我们记 $R_1=W_1$ 并迭代定义 $R_n=W_n\setminus(\overline{V_1}\cup\cdots\cup\overline{V_{n-1}})$，$n>1$。

我们断言 $\mathscr{R}=\{R_n\}$ 是 $\mathscr{U}$ 的局部有限开加细：

①根据构造，$\mathscr{R}$ 是 $\mathscr{U}$ 的开加细。

② $\mathscr{R}$ 是 X 的覆盖，因为对任意 x，如果我们令 n 为满足 $x \in W_n$ 的最小整数，则 $x \notin \overline{V_1} \cup \cdots \cup \overline{V_{n-1}}$，这是因为 $\overline{V_i} \subset W_i$。所以我们有 $x \in R_n$。

③ $\mathscr{R}$ 是局部有限的，因为对任意 $x \in X$，我们可以找到 n 使得 $x \in V_n$，而 x 的开邻域 V_n 仅与 $\mathscr{R}$ 中的有限多个元素相交，这是因为对任意 $m > n$ 都有 $V_n \cap R_m = \emptyset$。所以，X 是仿紧的。

由此我们就可以得到很多仿紧空间。

3）拓扑流形

我们在前文中引入过一类非常好的空间，即局部欧氏空间。然而，在本节内容中我们可以看到，局部欧氏空间有可能在局部没有好的分离性（例如，不是 Hausdorff 空间），或者整体没有好的可数性（例如，不是(A2)空间）。为此，我们引入拓扑流形这个概念。

拓扑流形

若拓扑空间 X 是 Hausdorff 的和第二可数的且 X 中的每点都有一个开邻域同胚于 $\mathbb{R}^n$ 中的开子集，则我们称 X 是一个 n-维拓扑流形。

拓扑流形是一类最重要的拓扑空间之一，在数学和物理中有着广泛的应用。根据定义，若 X 是 n-维拓扑流形，那么对于 X 中的每个点 x，都存在一个开集 $U_x \ni x$ 和从 U_x 到开集 $V_x \subset \mathbb{R}^n$ 的同胚 $\varphi_x : U_x \to V_x$。我们把三元组 (φ_x, U_x, V_x) 称为流形 X 在点 x 附近的一个坐标卡。

通常我们把一维流形称为曲线，把二维流形称为曲面，这两者将是我们今后的主要研究对象。

因为局部欧氏空间都是局部紧的，我们得到流形(T4)且仿紧的命题。

拓扑流形都是正规且仿紧的。

此外，由 Urysohn 度量化定理，拓扑流形都是可度量化的。

4）阅读材料：度量空间的仿紧性

仿紧性的用处之一是刻画可度量性。在1948年 Stone 证明了 Stone 定理。

Stone定理

任意度量空间都是仿紧的。

证明：设 $\mathscr{U} = \{U_\alpha \mid \alpha \in \Lambda\}$ 是度量空间 (X, d) 的开覆盖。根据良序定理，Λ 上有一个良序 $\preceq$。在该良序下，Λ 的任意子集都有极小元。于是，对于任意 x，存在唯一的 $\alpha = \alpha_x \in \Lambda$ 使得 $x \in U_\alpha \setminus \bigcup_{\beta \prec \alpha} U_\beta$。对于任意 $\alpha \in \Lambda$ 以及 $n \in \mathbb{N}$，我们迭代地定义

$$X_{\alpha, n} = \left\{ x \in X \;\middle|\; B\left(x, \frac{3}{2^n}\right) \subset U_\alpha \text{ 且 } x \notin \bigcup_{\beta \prec \alpha} U_\beta \cup \bigcup_{\beta \in \Lambda, k < n} V_{\beta, k} \right\}$$

并令 $V_{\alpha, n} = \bigcup_{x \in X_{\alpha, n}} B\left(x, \frac{1}{2^n}\right)$。

下面我们证明 $\mathscr{V} = \{V_{\alpha, n}\}$ 是 $\mathscr{U}$ 的局部有限开加细。显然我们有

①每个 $V_{\alpha,n}$ 都是开集。

② $V_{\alpha,n} \subset U_\alpha$。

③对任意 x，令 α 为如上所选取的极小元。取 n 使得 $B(x, \frac{3}{2^n}) \subset U_\alpha$。则要么对于某个 $\beta \in \Lambda$ 和 $k < n$ 有 $x \in V_{\beta,k}$，要么 $x \in X_{\alpha,n} \subset V_{\alpha,n}$。

所以 $\mathscr{V}$ 是 $\mathscr{U}$ 的覆盖 X 的开加细。还需证明局部有限性。

对于任意 $x \in X$，我们 α 为使得 $x \in \cup_n V_{\alpha,n}$ 的最小下标。取 n, k 使得 $B(x, 2^{-k}) \subset V_{\alpha,n}$。则用三角不等式可以证明：

①对任意 $l \geqslant n + k$，球 $B(x, 2^{-n-k})$ 跟 $V_{\beta,l}$ 不相交。

②对任意 $l < n + k$，至多有一个 $\beta \in \Lambda$ 使得球 $B(x, 2^{-n-k})$ 跟 $V_{\beta,l}$ 相交。

于是，任意 x 都有一个开邻域 $B(x, 2^{-n-k})$，它跟 $\mathscr{V}$ 中不超过 $n + k$ 个元素相交。故 $\mathscr{V}$ 是局部有限的。

2.11.2　单位分解

1）仿紧性增强分离公理(T2) 和(T3)

仿紧性对于在流形上发展分析理论非常重要。事实上，我们引入仿紧概念的主要目的之一就是用于在流形上构造单位分解。在简单版本的单位分解定理中，我们已经知道，构造单位分解时我们需要应用 Urysohn 引理或者 Tietze 扩张定理，于是我们需要空间的正规性。一般来说，一个仿紧空间可能不是正规的。然而，正如紧性可以增强分离公理(T2) 和(T3)，仿紧性也可以做到同样的事情。证明的关键还是从局部到整体论证，以及对于局部有限的子集族 $\mathcal{A}$，$\overline{\bigcup\limits_{A \in \mathcal{A}} A} = \bigcup\limits_{A \in \mathcal{A}} \overline{A}$。

仿紧性增强分离性

①仿紧的 Hausdorff 空间都是正则的。

②仿紧的正则空间都是正规的。

证明：

①设 X 是仿紧的 Hausdorff 空间，B 是 X 的闭子集（也是仿紧的）并且 $x \notin B$。由于 X 是 (T2)，$\forall y \in B$，存在开集 $U_y \ni x$，$V_y \ni y$ 使得 $U_y \cap V_y = \varnothing$。于是 $\mathscr{U}_1 := \{V_y \mid y \in B\}$ 是 B 的开覆盖，从而有局部有限开加细 $\widetilde{\mathscr{U}}$。由定义，对于任意 $V \in \widetilde{\mathscr{U}}$，都存在某个 $V_y \in \mathscr{U}_1$ 使得 $V \subset V_y$，因而 $\overline{V} \subset \overline{V_y} \subset U_y^c$。因此，对于任意 $V \in \widetilde{\mathscr{U}}$，$x \notin \overline{V}$。令 $U = \bigcup\limits_{V \in \widetilde{\mathscr{U}}} V$，则 U 是开集并且 $B \subset U$。由于 $\widetilde{\mathscr{U}}$ 是局部有限的，我们有 $\overline{U} = \overline{\bigcup\limits_{V \in \widetilde{\mathscr{U}}} V} = \bigcup\limits_{V \in \widetilde{\mathscr{U}}} \overline{V}$。因此，$\overline{U}^c$ 是 x 的一个开邻域，它与 B 的开邻域 U 不相交。所以 X 是 (T3) 空间。

②重复上面的证明，将点 x 替换为闭子集 A 并将 (Ti) 替换为 (Ti+1)。

2）仿紧 Hausdorff 空间的好的加细

一般而言，在选取一个开覆盖的局部有限加细覆盖时，加细覆盖里的集合不必一一对应于原覆盖的开集。但是对于仿紧 Hausdorff 空间，我们有引理——仿紧(T2)空间的同指标加细。

仿紧(T2)空间的同指标加细

设 X 为仿紧 Hausdorff 空间，$\mathscr{U} = \{U_\alpha\}$ 为 X 的开覆盖，则存在一个 $\mathscr{U}$ 的局部有限的开加细 $\mathscr{V} = \{V_\alpha\}$，使得对任意 α 有 $\overline{V_\alpha} \subset U_\alpha$。

证明：因为 X 仿紧且(T2)，所以它也是(T3)和(T4)。所以如果我们令 $\mathscr{A} = \{A \in \mathscr{T} \mid \exists U_\alpha \in \mathscr{U}$ 使得 $\overline{A} \subset U_\alpha\}$，那么 $\mathscr{A}$ 是 X 的开覆盖。设 $\mathscr{B} = \{B_\beta \mid \beta \in \Lambda\}$ 是 $\mathscr{A}$ 的局部有限开加细，其指标集可能与 $\mathscr{A}$ 的指标集不同。对于每个 β，我们选取 $\alpha = f(\beta)$ 使得 $\overline{B_\beta} \subset U_{f(\beta)}$。现在对于集族 $\mathscr{U}$ 的每个指标 α，令 $V_\alpha = \bigcup_{f(\beta)=\alpha} B_\beta$，其中，如果不存在这样的 β 则取 $V_\alpha = \emptyset$。由 $\mathscr{B}$ 的局部有限性，$\overline{V_\alpha} = \overline{\bigcup_{f(\beta)=\alpha} B_\beta} = \bigcup_{f(\beta)=\alpha} \overline{B_\beta} \subset U_\alpha$。还需要验证局部有限性，对于任意 $x \in X$，存在 x 的开邻域 U_x，它仅与有限多个 B_β 相交。因此，U_x 只与满足 $f(\beta) = \alpha$ 的那些 α 相交。

3）单位分解

下面我们引入（从属于一个开覆盖的）单位分解的概念，这个概念最早是 Dieudonné 在 1937 年正式引入的。

（1）单位分解

①若拓扑空间 X 上的一族函数 $\{\rho_\alpha\}$ 满足。

a. 每一个 $\rho_\alpha : X \to [0,1]$ 都是连续的（ρ_α 定义在整个空间 X 上）。

b. 集族 $\{\mathrm{supp}\rho_\alpha\}$ 是局部有限的。

c. 对任意 $x \in X$，都有 $\sum_\alpha \rho_\alpha(x) = 1$。

则我们称 $\{\rho_\alpha\}$ 是 X 上的一个（连续的）单位分解（简称 P.O.U.）。

②若 $\{U_\alpha\}$ 是 X 的一个开覆盖，$\{\rho_\alpha\}$ 是 X 上的一个单位分解，且对任意 α，$\mathrm{supp}\rho_\alpha \subset U_\alpha$。则我们称 $\{\rho_\alpha\}$ 是从属于开覆盖 $\{U_\alpha\}$ 的单位分解。

注意，条件 a 和 b 共同保证了 c 中的和函数是一个连续函数。

显然，如果存在从属于开覆盖 $\{U_\alpha\}$ 的单位分解 $\{\rho_\alpha\}$，则由定义，$\{x \mid \rho_\alpha(x) > 0\}$ 就是 $\{U_\alpha\}$ 的一个局部有限的开加细。于是，如果 X 的任意开覆盖都有从属于它的单位分解，那么 X 一定是仿紧的。

（2）单位分解的存在性

设 X 为仿紧 Hausdorff 空间。那么对于 X 的任意开覆盖 $\{U_\alpha\}$，都存在一个从属于 $\{U_\alpha\}$ 的单位分解。

证明的思路很简单，对任何给定的开覆盖，我们构造一个更小的局部有限开覆盖 $\{V_\alpha\}$ 和比更小还要小的闭覆盖 $\{K_\alpha\}$，这样我们可以应用单位分解（简单版本）定理。但是，这里还有一个微妙的小问题，我们想要的是集族 $\{\mathrm{supp}(\rho_\alpha)\}$ 是局部有限的，而应用定理我们只能得到在 V_α^c 上有 $\rho_\alpha = 0$，从而 $\mathrm{supp}(\rho_\alpha) \subset \overline{V_\alpha}$，但 $\{\overline{V_\alpha}\}$ 并不显然是局部有限的。解决这个问题的方法有两种：一是老老实实证明 $\{V_\alpha\}$ 是局部有限的 $\Longrightarrow \{\overline{V_\alpha}\}$ 是局部有限的。二是构造比"比更小还要小"还要小的开覆盖。

证明：设 $\mathscr{U} = \{U_\alpha\}$ 是 X 的开覆盖。应用仿紧(T2)空间的同指标加细引理三次，我们得到 $\mathscr{U}$ 的局部有限开加细 $\mathscr{V} = \{V_\alpha\}$，$\mathscr{V}$ 的局部有限开加细 $\mathscr{W} = \{W_\alpha\}$ 以及 $\mathscr{W}$ 的局部有限开加细 $\mathscr{Z} = \{Z_\alpha\}$（都具有相同的指标集）使得 $\overline{Z_\alpha} \subset W_\alpha \subset \overline{W_\alpha} \subset V_\alpha \subset \overline{V_\alpha} \subset U_\alpha$。现在对 $\overline{Z_\alpha} \subset W_\alpha$ 应用单位分解（简单版本）定理，得到连续函数 $\rho_\alpha : X \to [0,1]$ 使得

① $\rho_\alpha(\overline{Z_\alpha}) > 0$。

② $\rho_\alpha(W_\alpha^c) = 0$。

③ $\sum_\alpha \rho_\alpha = 1$。

函数族 $\{\rho_\alpha\}$ 正是我们想要寻求的从属于 $\{U_\alpha\}$ 的单位分解，因为 $\mathrm{supp}\, \rho_\alpha \subset \overline{W_\alpha} \subset U_\alpha$，而且 $\{\mathrm{supp}\, \rho_\alpha\}$ 是局部有限的，因为 $\mathrm{supp}(\rho_\alpha) \subset V_\alpha$，而 $\{V_\alpha\}$ 是局部有限的。

4）LCH空间的单位分解

现在我们假设 X 是 LCH 空间，为了保证仿紧性我们还假设 X 是 σ-紧的。于是 X 是仿紧的Hausdorff空间，从而单位分解的存在性定理对 X 是成立的。但是，我们发现，这样的单位分解未必是我们想要的，因为根据我们的经验，对于LCH空间，我们往往希望所得到的函数是紧支函数，而此定理所给的函数 ρ_α 未必是紧支函数。事实上，只要我们依然要求对开覆盖中的每个开集 U_α 都恰好指定一个函数，那我们就未必能让我们得到的函数是紧支的，例如，如果 X 是非紧LCH 空间而 $\mathscr{U}$ 是 X 的一个有限开覆盖，则所得的单位分解中的函数不可能是紧支的。

幸运的是，只要我们不再要求对开覆盖 $\{U_\alpha\}$ 中的每个开集 U_α 都恰好指定一个函数，而是一次性构造可数多个连续函数 $\{\rho_n\}$，使得 $\{\mathrm{supp}(\rho_n)\}$ 是 $\{U_\alpha\}$ 的加细，即把单位分解定义中的条件改成对于每个 n，存在 $U_\alpha \in \mathscr{U}$ 使得 $\mathrm{supp}(\rho_n) \subset U_\alpha$，则我们还是可以得到一个单位分解，且所得的每个 ρ_n 是紧支的。

LCH空间中单位分解的存在性

设 X 为局部紧 Hausdorff 且 σ-紧空间。那么对于 X 的任意开覆盖 $\mathscr{U} = \{U_\alpha\}$，存在单位分解 $\{\rho_n\}$ 使得

①每个 $\mathrm{supp}(\rho_n)$ 是紧的。

②对每个 n，存在 $U_\alpha \in \mathscr{U}$ 使得 $\mathrm{supp}(\rho_n) \subset U_\alpha$。

其证明思路是构造满足特定条件的可数的局部有限开加细。

5）应用：将流形嵌入 $\mathbb{R}^N$

我们知道，拓扑流形总是仿紧的。有了单位分解的存在性定理，我们就可以着手在拓扑流形上发展分析。由于流形是局部欧氏的，因此我们（通过坐标）可以在局部利用欧氏空间的结构给出各种局部数据。然后利用单位分解，我们可以将这些局部数据黏合为整体数据。例如，我们可以：

①将局部定义的连续函数黏合为整体的连续函数。

②首先，在局部定义积分，然后通过黏合来定义流形上的积分。

③将局部定义的向量场黏合为全局向量场。

④将局部定义的内积结构黏合为流形上的黎曼度量。

作为单位分解的一个应用，我们证明紧流形嵌入欧氏空间的定理。

紧流形嵌入欧氏空间

任意 n 维紧拓扑流形都可以嵌入 $\mathbb{R}^N$ 中。

证明：设 X 是一个拓扑流形。在每个点 $x \in X$ 附近取坐标卡 (φ_x, U_x, V_x)。因为 X 是紧的，我们可以取有限个坐标卡邻域 $\{U_1, \cdots, U_m\}$ 覆盖 X。设 $\{\rho_1, \cdots, \rho_m\}$ 是从属于这个覆盖的单位分解。定义 $h_i : X \to \mathbb{R}^n$ 为

$$h_i(x) = \begin{cases} \rho_i(x)\varphi_i(x), & x \in U_i \\ (0, \cdots, 0), & x \notin \operatorname{supp}(\rho_i) \end{cases}.$$

根据粘贴引理，每个 h_i 都是 X 上的连续映射。现在我们令 $N = m + mn$ 并定义 $F : X \to \mathbb{R}^N$ 为 $F(x) = (\rho_1, \cdots, \rho_m, h_1, \cdots, h_m)$。则我们有：

① F 是连续的，因为每个分量都是连续的。

② F 是单射。如果 $F(x) = F(y)$，则存在 i 使得 $\rho_i(x) = \rho_i(y) > 0$，因此 $x, y \in U_i$。由此得 $\varphi_i(x) = \varphi_i(y)$，所以有 $x = y$。

由于 X 是紧的且 $\mathbb{R}^N$ 是 Hausdorff 的，F 是 X 到其像集上的同胚，即拓扑嵌入。

注：同样的定理也对非紧拓扑流形成立，甚至可以证明更强的结论，即可以取 $N = 2n + 1$，但其证明较为复杂。

2.11.3 阅读材料：两个度量化定理

1）Nagata-Smirnov 度量化定理

仿紧性（局部有限性）不仅用于构造单位分解，还用于刻画可度量性。刻画什么拓扑空间是可度量化的是一般拓扑学中的一个大问题。寻找解决方案的第一大步是 Urysohn 度量化定理，该定理指出满足 (A2)、(T2) 和 (T4) 的拓扑空间都是可度量化的。当然，由于 (T2) 蕴含 (T1)，我们可以将条件 (T4) 替换为 (T3)。所以这些分离公理是空间可度量化的必要条件。但是，可数性假设 (A2) 不是必要的。因此，要刻画可度量性，自然的想法是找到一个较弱的条件来替换 (A2)。最终，在1950年左右 Nagata 和 Smirnov 发现了正确的条件——σ-局部有限。

（1）σ-局部有限

若 X 中的子集族 $\mathscr{A}$ 满足 $\mathscr{A} = \cup_n \mathscr{A}_n$，其中每个 $\mathscr{A}_n$ 都是局部有限族，则我们称 $\mathscr{A}$ 是一个 σ-局部有限族。

下面我们陈述 Nagata-Smirnov 度量化的完整刻画。

（2）Nagata-Smirnov 度量化定理

拓扑空间 $(X, \mathscr{T})$ 是可度量化的当且仅当它是 (T2)、(T3) 的并且存在一个 σ-局部有限

的基。

证明：首先，假设 X 是可度量化的。然后是 (T2) 和 (T4) 的，因此是 (T1) 和 (T3) 的。根据 Stone 定理，它是仿紧的。所以对于每个 n，开覆盖 $\mathscr{U}_n = \{B(x, \frac{1}{n}) \mid x \in X\}$ 有一个局部有限的开加细 $\mathscr{B}_n$。还需要证明 σ-局部有限族 $\mathscr{B} = \cup_n \mathscr{B}_n$ 是一个基。证明是标准的，对于任意 $x \in X$ 和任意 $\varepsilon > 0$，我们选取 n 使得 $\frac{1}{n} < \frac{\varepsilon}{2}$。在 $\mathscr{B}_n$ 中存在一个开集 B 使得 $x \in B$。因此 $B \subset B(x, \frac{2}{n}) \subset B(x, \varepsilon)$。反之，假设 X 是 (T2)、(T3) 的并且存在 σ-局部有限基。

（3）σ-局部有限基 + (T3) $\Longrightarrow$ 完美正规

设 X 是 (T3) 空间并且存在 σ-局部有限基。则

① X 中的任意闭集都是 G_δ-集。

② X 是 (T4) 的。

所以，在某种意义上 σ-局部有限基的存在性是另一个版本的可数性，它增强了可分性（类似于 (A2) 或 Lindelöf）。

让我们继续我们的证明。

根据（3），X 是 (T4) 并且 X 中的任意闭子集都是 G_δ-集。设 $\mathscr{B} = \cup_n \mathscr{B}_n$ 是一个 σ-局部有限基，其中每个 $\mathscr{B}_n$ 都是局部有限的。对于任意 $B \in \mathscr{B}_n$，我们选取一个连续函 $f_{n,B} : X \to [0, 1/n]$ 使得 $f_{n,B}^{-1}(0) = B^c$。现在定义 $d_n(x, y) = \sum_{B \in \mathscr{B}_n} |f_{n,B}(x) - f_{n,B}(y)|$。这是一个连续函数，因为和是局部有限的。根据定义，函数 d_n 满足 $d_n(x, y) = d_n(y, x)$ 和 $d_n(x, z) \leqslant d_n(x, y) + d_n(y, z)$。然而，$d_n$ 不是一个度量，因为一般它不是点分离的。对于某些 $x \neq y$，我们可能有 $d_n(x, y) = 0$。好消息是我们有足够多的 d_n 足以分离点。事实上，我们有对于任意闭集 F 和 $x \notin F$，存在 n 和 $B \in \mathscr{B}_n$ 使得 $d_n(x, y) \geqslant a := f_{n,B}(x) > 0$，$\forall y \in F$。为了证明上述事实，我们只需取 n 和 $B \in \mathscr{B}_n$ 使得 $x \in B \subset F^c$。则 $f_{n,B}(x) > 0$ 且 $f_{n,B}(F) = 0$。所以对于所有 $y \in F$ 都有 $d_n(x, y) \geqslant f_{n,B}(x) > 0$。因此，对于 $y \neq x$，如果我们取 $F = \{y\}$，则我们得到 $d_n(x, y) > 0$。现在我们定义 $d(x, y) = \sum_n 2^{-n} d_n(x, y)$。那么 d 是 X 上的一个度量。还需证明度量拓扑与 $\mathscr{T}$ 一致。因为 d 关于拓扑 $\mathscr{T}$ 是连续的，所以度量球在 $\mathscr{T}$ 中都是开集。因此 $\mathscr{T}_d \subset \mathscr{T}$。反之，对于任意开集 $U \in \mathscr{T}$ 和任意 $x \in U$，根据我们刚刚证明的事实，我们可以找到 n 和 $B \in \mathscr{B}_n$ 使得对于所有 $y \in U^c$ 有 $d(x, y) > r = 2^{-n} f_{n,B}(x) > 0$，即 $B(x, r) \subset U$。因此 $U \in \mathscr{T}_d$。所以 $\mathscr{T} = \mathscr{T}_d$。

2）Smirnov 度量化定理

在前文中，我们引入了局部可度量化的概念。显然，可度量化空间都是局部可度量化的。反之，我们有 Smirnov 度量化定理。

拓扑空间 X 可度量化当且仅当 X 是局部可度量化的仿紧 Hausdorff 空间。

证明：定理的一半是显然的，故只需证明若 X 是局部可度量化的仿紧 Hausdorff 空间，则 X 是可度量化的。根据 Nagata-Smirnov 定理，只需证明 X 具有 σ-局部有限基。为

此，我们先用可度量化开集族覆盖 X。由仿紧性，我们可得到一个局部有限的开集族 $\mathcal{U}$，其中每个元素都是可度量化的开集。跟 Nagata-Smirnov 定理证明的前半部分一样，我们令 $\mathcal{U}_n = \{B_U(x, \frac{1}{n}) \mid x \in U, U \in \mathcal{U}\}$ 并取 $\mathcal{U}_n$ 的局部有限开加细 $\mathcal{B}_n$。最后同样用标准的方式证明 $\mathcal{B} = \cup_n \mathcal{B}_n$ 是一组基。任取 $x \in X$ 以及 x 的开邻域 U。由局部有限性，x 仅落在 $\mathcal{U}$ 中的有限个元素中，不妨设他们为 $U_1, \cdots, U_k$。于是可以找到 $\varepsilon > 0$ 使得对每个 $1 \leqslant i \leqslant k$ 都有 $B_{U_i}(x, \varepsilon) \subset U_i \cap U$。最后，选取 n 使得 $1/n < \varepsilon/2$，并选取 $B \in \mathcal{B}_n$ 使得 $x \in B$，存在 $1 \leqslant i \leqslant k$ 使得 $B \subset U_i$。于是由三角不等式，$x \in B \subset B_{U_i}(x, \varepsilon) \subset U$。

第3章　从连通性到基本群

3.1　连通性

3.1.1　连通空间

1）连通性的定义

连通性是最简单且最有用的拓扑性质之一。它不仅直观、相对容易理解，而且是用以证明很多重要结果的强大工具。

对于有简单图像的拓扑空间，我们可以直观判断它是否连通。但对于较为复杂的空间，判断它是否连通一般而言并不容易。

对于我们不知道怎么画出图像的抽象拓扑空间，我们也想提出连通性的问题。例如，（具有不止一个元素的）离散拓扑空间应该是"非常"不连通的。但是，Sorgenfrey直线是连通的还是不连通的？$[0, 1]$上的连续函数空间是连通的还是不连通的？当然，并非每个抽象拓扑空间的连通性都是有价值去探讨的。但是，人们确实关注以下问题。

①函数空间$\mathcal{C}(S^1, \mathbb{R}^2)$以及$\mathcal{C}(S^1, \mathbb{R}^2 \setminus \{0\})$是否连通？

②道路空间$\{\gamma \in \mathcal{C}([0, 1], X) \mid \gamma(0) = \gamma(1)\}$是否连通？

所以我们需要（通过开集族给出）一个严格的连通性定义。在给出严格的定义之前，我们先来看$\mathbb{R}$中的几个集合：$a.(0, 3)$；$b.(0, 1) \cup [2, 3)$；$c.(0, 1) \cup (1, 3]$；$d.(0, 1] \cup (1, 3)$。

当然a是连通的，b和c是不连通的，而d是连通的。尽管d看起来像两个区间的并集，但它们实际上是一个区间$(0, 3)$，只是被刻意写成了两个不相交子集的并集。仔细分析一下我们很容易发现这两个不相交子集$(0, 1]$和$(1, 3)$实际上在$x = 1$处是连接在一起的，因为1虽然只是$(0, 1]$的一个元素，但却位于子集$(1, 3]$的闭包内。对于c的情况，虽然$(0, 1)$和$(1, 3]$两个组件相邻，但它仍然是不连通的，因为$(0, 1)$并不包含$(1, 3]$的闭包中的任何元素，而$(1, 3]$也不包含$(0, 1)$的闭包中的任何元素。

连通性的定义与我们学过的大多数其他概念不同，连通性是由不连通性所定义的。

（1）连通性

设$(X, \mathscr{T})$是拓扑空间。

①如果存在非空子集$A, B \subset X$使得$X = A \cup B$且$A \cap \overline{B} = \overline{A} \cap B = \emptyset$，则我们称$X$是不连通的。

②如果X不是不连通的，则我们称X是连通的。

类似地，如果X中的子集A关于子空间拓扑是连通的或不连通的，则我们称A是X的连通子集或不连通子集。

注意，根据定义，空集和单点集都是连通的。

（2）完全不连通空间

如果拓扑空间X中仅有单点集合空集是连通子集，则我们称X是完全不连通的。

2）连通性的等价刻画

我们给出其他几种等价的方式来刻画连通性。

（1）连通性的等价刻画

对于拓扑空间X，以下是等价的。

①X是不连通的。

②存在非空不相交开集A，$B \subset X$使得$X = A \cup B$。

③存在非空不相交闭集A，$B \subset X$使得$X = A \cup B$。

④存在$A \neq \emptyset$，$A \neq X$使得A在X中是既开又闭的。

⑤存在连续满射$f : X \to \{0, 1\}$。

证明：我们有②$\Longleftrightarrow$③$\Longleftrightarrow$④，这是因为$X = A \cup B$且$A \cap B = \emptyset \Longleftrightarrow A^c = B$且$A = B^c$。

①$\Longrightarrow$③是因为$A \cap \overline{B} = \emptyset$，$X = A \cup B \Longrightarrow B = B \cap \overline{B} = X \cap \overline{B} = \overline{B}$，因此$B$是闭集。同理$A$也是闭集。

为证明③$\Longrightarrow$①，我们取X中的闭集A, B使得$X = A \cup B$。则$A \cap \overline{B} = A \cap B = \emptyset$。同理$\overline{A} \cap B = \emptyset$。

最后，⑤$\Longrightarrow$②是平凡的，而②$\Longrightarrow$⑤是因为我们可以定义$f(A) = 0$且$f(B) = 1$，根据定义f是连续的。

3）连通空间和不连通空间的例子

下面我们给出连通空间和不连通空间的一些例子。

①$(X, \mathscr{T}_{\text{trivial}})$是连通的，而$|X| \geqslant 2$时$(X, \mathscr{T}_{\text{discrete}})$是不连通的。

②$\mathbb{Q} \subset \mathbb{R}$是不连通的，这是因为$\mathbb{Q} = ((-\infty, -\sqrt{2}) \cap \mathbb{Q}) \cup ((-\sqrt{2}, +\infty) \cap \mathbb{Q})$。事实上，因为任意两个有理数之间都存在无理数，所以重复上述论证，我们得到$\mathbb{Q}$是完全不连通的。

③$\mathbb{Q}^c$，Cantor集，离散拓扑空间都是完全不连通的。

④ Sorgenfrey直线$(\mathbb{R}, \mathscr{T}_{Sorgenfrey})$是完全不连通的。设$A \subset \mathbb{R}$且$a, b \in A$。不妨设$a < b$。取$c \in (a, b)$。根据定义，$(-\infty, c) = \cup_{x<c}[x, c)$和$[c, +\infty)$在$(\mathbb{R}, \mathscr{T}_{Sorgenfrey})$中都是开集。因此，$A = A_1 \cup A_2$，其中$A_1 = A \cap (-\infty, c)$和$A_2 = A \cap [c, \infty)$都是$A$中的非空开集，于是$A$是不连通的。

下面我们给出实数$\mathbb{R}$的全部连通子集的刻画。设$I \subset \mathbb{R}$是一个区间，即满足若$x, y \in I$且$x < y$，则对于任意$x < z < y$，均有$z \in I$。区间可以是开区间、闭区间、半开半闭区间，以及单点集：$(a, b), [a, b], \{a\}, (a, b], [a, b), (a, +\infty), [a, +\infty), (-\infty, b], (-\infty, b), (-\infty, +\infty)$。

区间的连通性

$\mathbb{R}$ 的子集是连通的当且仅当它是一个区间。

证明：若 S 是 $\mathbb{R}$ 的子集且 S 不是一个区间，则存在 $x < z < y$ 使得 $x, y \in S$ 但 $z \notin S$。重复上文中②的论证，可以将 S 写成两个开集的并 $S = (S \cap (-\infty, z)) \cup (S \cap (z, +\infty))$，从而 S 不连通。

下证区间 $I \subset \mathbb{R}$ 都是连通的。假设 I 是不连通的。则存在开集 $U, V \subset \mathbb{R}$ 使得 $U \cap I \neq \emptyset$，$V \cap I \neq \emptyset$ 且 $I \subset U \cup V$。不失一般性，假设存在 $a < b$ 使得 $a \in U \cap I$ 且 $b \in V \cap I$。令 $A = \{x \in U \cap I \mid x < b\}$ 并记 $c = \sup A$。则由 U 是开集可知 $c \neq a$，于是 $a < c \leq b$，因此，$c \in I$。但是，

① $c \notin U$。如果 $c \in U$，则 $\exists \varepsilon > 0$ 使得 $b > c + \varepsilon \in U$。注意，因为 I 是区间且 $c < c + \varepsilon < b$，故 $c + \varepsilon \in I \cap U$。这与 $c = \sup A$ 矛盾。

② $c \notin V$。如果 $c \in V$，则 $\exists \varepsilon > 0$ 使得 $(c - \varepsilon, c] \subset V$。因为 $c > a$，所以可取 ε 充分小使得 $(c - \varepsilon, c] \subset I$，从而与 $c = \sup A$ 矛盾。

所以 $c \notin U \cup V$，从而 $c \notin I$，矛盾！

注意，在证明区间的连通性时，我们仅使用了 $\mathbb{R}$ 具有全序关系 $<$ 使得

a. Dedekind 完备性：任意有上界的子集都有一个最小上界。

b. 稠密性：对任意 $x < y$，$\exists z$ 使得 $x < z < y$。

我们称满足这两个条件（且元素个数多于1个）的全序集为线性连续统。除了 $\mathbb{R}$ 外，还有很多别的线性连续统。重复上面的论证，可得赋有序拓扑的线性连续统 $(X, <)$ 的子集是连通集当且仅当它是区间。

4）连续性原理

区间（包括 $\mathbb{R}$ 本身）的连通性这个结论虽然简单却非常有用。

连续性原理（连通性方法）。要证明某性质 $P(t)$ 对所有 $t \in I$ 成立，只需验证：

① $\exists t_0 \in I$ 使得 $P(t_0)$ 成立。

② $\{t \mid P(t) \text{成立}\}$ 是 I 中的开集。

③ $\{t \mid P(t) \text{成立}\}$ 是 I 中的闭集。

我们可以将连续性原理视为某种连续版本的数学归纳法。下面我们用一个简单的例子来说明如何使用该方法。

如果 $f : \mathbb{R} \to \mathbb{R}$ 是实解析函数，且存在 $x_0 \in \mathbb{R}$ 使得 $f^{(n)}(x_0) = 0$，$\forall n$。则 $f(x) \equiv 0$。

证明：设 $S = \{x \in \mathbb{R} \mid f^{(n)}(x) = 0, \forall n\}$，则

① $x_0 \in S \implies S \neq \emptyset$。

② S 是开集，$x \in S \implies f$ 在 x 处 Taylor 展开的收敛半径以内的任意点 y 都落在 S 中。

③ S 是闭集，$x_n \in S, x_n \to x_0 \implies x_0 \in S$。

于是 $S = \mathbb{R}$，即 $f(x) \equiv 0$。

3.1.2 连通性的推论

1）一般的中值定理

我们列出连通空间的几个性质。首先，我们证明连通性是连续映射下保持的性质。

（1）连通性被连续映射保持

设 $f : X \to Y$ 是连续映射且 $A \subset X$ 是连通子集，则像集 $f(A)$ 是 Y 的连通子集。

证明：使用反证法。我们假设 $f(A)$ 是不连通的。则存在 Y 中满足 $V_i \cap f(A) \neq \emptyset\ (i = 1, 2)$ 且 $V_1 \cap V_2 \cap f(A) = \emptyset$ 的开集 V_1, V_2，使得 $f(A) = (V_1 \cap f(A)) \cup (V_2 \cap f(A))$。令 $A_i = f^{-1}(V_i) \cap A$。则 $A_1, A_2 \neq \emptyset, A_1 \cap A_2 = \emptyset$，且 $A = A_1 \cup A_2$，跟 A 连通矛盾。

因此，连通性是一种拓扑性质。

（2）连通性是拓扑性质

如果 $f : X \to Y$ 是同胚，则 X 是连通的当且仅当 Y 是连通的。

由于 $\mathbb{R}$ 中的连通子集都是区间，我们得到数学分析中中值定理的推广。

（3）中值定理

设 $f : X \to \mathbb{R}$ 是连续映射。如果 X 是连通的且存在 $x_1, x_2 \in X$ 使得 $f(x_1) = a < b = f(x_2)$，则对任意 $a < c < b$，存在 $x \in X$ 使得 $f(x) = c$。

证明：$f(X)$ 是包含 a 和 b 的区间，因此包含 c。

上述推论中的 $\mathbb{R}$ 换成任意一个线性连续统，结论依然成立。

（4）Borsuk-Ulam定理，$n = 1$ 情形

对任意连续映射 $f : S^1 \to \mathbb{R}$，存在 $x_0 \in S^1$ 使得 $f(x_0) = f(-x_0)$。

证明：考虑映射 $F : S^1 \to \mathbb{R}$，$F(x) = f(x) - f(-x)$。任取 $a \in S^1$。如果 $F(a) = 0$，证明已经完成。如果 $F(a) \neq 0$，则 $F(a)$ 和 $-F(a) = F(-a)$ 都落在 S^1 在 F 下的像集中。因为 S^1 是连通的，所以0落在 F 的像集中。

2）闭包的连通性

接下来我们给出几个有用的连通性判据。

（1）介于连通集及其闭包间集合的连通性

如果 $A \subset X$ 是连通的，$A \subset B \subset \overline{A}$，则 B 是连通的。因此，$\overline{A}$ 是连通的。

证明：任取连续映射 $f : B \to \{0, 1\}$，则 $f_1 = f|_A : A \to \{0, 1\}$ 是连续的，从而 f_1 不是满射。不妨设 $f_1(A) = \{0\}$。因为 A 在 B 中的闭包是 B，$f(B) \subset \overline{f(A)} = \{0\}$，即 f 不是满射。故 B 是连通的。

当然，上述命题也可直接用定义证明。

（2）拓扑学家的正弦曲线

对任意子集 $C \subset \{(0, t) \mid -1 \leqslant t \leqslant 1\}$，集合 $S = \{(x, y) \mid 0 < x < 1, y = \sin \frac{1}{x}\} \cup C \subset \mathbb{R}^2$ 是连通的。

3）并集的连通性

（1）星形并的连通性

设 $A_\alpha \subset X$ 是 X 中的非空连通子集族。若 $\cap_\alpha A_\alpha \neq \emptyset$，则 $\cup_\alpha A_\alpha$ 是连通的。

证明：记 $Y = \cup_\alpha A_\alpha$。设 $Y = Y_1 \cup Y_2$，满足 $Y_1 \cap Y_2 = \emptyset$，且 $Y_1 = Y \cap U_1$，$Y_2 = Y \cap U_2$，其中，U_1, U_2 是 X 中的开集。任取 $x \in \cap_\alpha A_\alpha$。不失一般性，设 $x \in Y_1$。对任意 α，我们有 $A_\alpha = (A_\alpha \cap U_1) \cup (A_\alpha \cap U_2)$，且 $A_\alpha \cap U_1 \neq \emptyset$（因为 $x \in A_\alpha \cap U_1$）。故由 A_α 的连通性，我们得出 $A_\alpha \cap U_2 = \emptyset$。因此 $Y_2 = \left(\bigcup_\alpha A_\alpha\right) \cap U_2 = \bigcup_\alpha (A_\alpha \cap U_2) = \emptyset$。所以 Y 是连通的。

（2）链形并的连通性

设 $A_1, A_2, \cdots, A_N$ $(N \leq +\infty)$ 是连通的且对任意 $n < N$ 都有 $A_n \cap A_{n+1} \neq \emptyset$，则 $\cup_{n=1}^N A_n$ 是连通的。

证明：根据归纳法和命题星形并的连通性，对于每个 n，集合 $B_n := A_1 \cup \cdots \cup A_n$ 是连通的。又因为 $\cap_{n=1}^N B_n \neq \emptyset$，故 $\cup_{n=1}^N A_n = \cup_{n=1}^N B_n$ 是连通的。

4）乘积的连通性

（1）有限积的连通性

如果 X, Y 是连通的，则 $X \times Y$ 也是连通的。

证明：不妨设 X, Y 非空。固定 $b \in Y$。则集合 $X \times \{b\}$，作为连通集 X 在连续映射 $j_b : X \to X \times Y$，$x \mapsto (x, b)$ 下的像集是连通的。因此，对于任意 $x \in X$，集合 $(\{x\} \times Y) \cup (X \times \{b\})$ 是连通的。因为 $\bigcap_x (\{x\} \times Y) \cup (X \times \{b\}) \neq \emptyset$，所以 $X \times Y = \bigcup_x ((\{x\} \times Y) \cup (X \times \{b\}))$ 是连通的。

（2）几个特殊有限积的连通性

$\mathbb{R}^n, [0,1]^n$ 和 S^n 都是连通的。

证明：对于 S^n，我们可以写成 $S^n = S_+^n \cup S_-^n$，其中 $S_\pm^n = S^n \setminus \{0, \cdots, 0, \pm 1\}$ 是连通的，因为他们通过球极投影映射同胚于 $\mathbb{R}^n$。

事实上，连通性是可乘性质的。

（3）任意积的连通性

乘积空间 $\prod_\alpha X_\alpha$ 关于乘积拓扑是连通的当且仅当每个 X_α 是连通的。

证明：如果 $\prod_\alpha X_\alpha$ 是连通的，则每个 X_α（作为 $\prod_\alpha X_\alpha$ 在投影映射下的像集）是连通的。

反之，设每个 X_α 是连通的。对任意 α，取定元素 $a_\alpha \in X_\alpha$。对任意有限指标集 $K \subset \Lambda$，由归纳法，乘积空间 $\prod_{\alpha \in K} X_\alpha$ 是连通的。不妨设指标集 Λ 是无限集。令 $X_K = \{(x_\alpha) \mid x_\alpha = a_\alpha, \forall \alpha \notin K\}$。则 X_K 是典范嵌入映射

$$j_K : \prod_{\alpha \in K} X_\alpha \to \prod_{\alpha \in \Lambda} X_\alpha \simeq \prod_{\alpha \in K} X_\alpha \times \prod_{\alpha \notin K} X_\alpha \,, \quad (x_\alpha)_{\alpha \in K} \mapsto ((x_\alpha)_{\alpha \in K}, (a_\alpha)_{\alpha \notin K})$$

下的像集。因为映射 j_K 是连续的, 所以 X_K 是连通的。根据构造, $(a_\alpha) \in \cap_K X_K$。所以集合 $X := \bigcup_{\text{有限的} K \subset \Lambda} X_K$ 是连通的。下证 $\overline{X} = \prod_\alpha X_\alpha$。事实上, 由乘积拓扑定义, 若 U 是 $\prod_\alpha X_\alpha$ 中的非空开集, 则存在有限指标集 K' 以及非空开集 $U_\alpha \subset X_\alpha (\alpha \in K)$ 使得 $U \supset \prod_{\alpha \in K'} U_\alpha \times \prod_{\alpha \notin K'} X_\alpha$。因此, 若取有限指标集 K 使得 $K' \cap K = \emptyset$, 则 $X_K \cap U \neq \emptyset$, 从而 $X \cap U \neq \emptyset$。这就证明了 $\overline{X} = \prod_\alpha X_\alpha$。于是, $\prod_\alpha X_\alpha$ 是连通的。

注: 该结论对箱拓扑不成立。考虑 $X = \prod_{s \in S} \mathbb{R} = \mathbb{R}^S = \mathcal{M}(S, \mathbb{R})$, 其中 S 是任何无限集。则 $A = \{f : S \to \mathbb{R} \mid \exists M \text{ 使 得 } |f(x)| \leqslant M, \forall x \in S\}$, $B = \{f : S \to \mathbb{R} \mid \sup_{x \in S} |f(x)| = +\infty\}$ 都 是 $(X, \mathscr{T}_{box})$ 中的非空开集, 且 $\mathbb{R}^S = A \cup B$。所以 $(X, \mathscr{T}_{box})$ 是不连通的。

3.2 道路连通性

3.2.1 道路与道路连通性

1）道路

接下来我们研究一个跟连通性密切相关的概念——道路连通性。它略强于连通性, 更加直观。而且最重要的是, 我们可以对道路做代数操作。此外, 通过考虑特定映射空间的道路, 我们可以定义更高层次的连通性。这些连通性都是由可计算的代数对象所描述的, 于是代数成为研究拓扑的重要工具。

（1）道路

设 X 是拓扑空间, $x_0, x_1 \in X$。

①若连续映射 $\gamma : [0, 1] \to X$ 满足条件 $\gamma(0) = x_0$, $\gamma(1) = x_1$, 则我们称 γ 是一条从 x_0 到 x_1 的道路, 称 x_0 和 x_1 为道路 γ 的起点/终点。

②当 $x_0 = x_1$ 时, 我们称道路 γ 是以 x_0 为基点的回路或圈。

我们把所有从 x_0 到 x_1 的空间叫作从 x_0 到 x_1 的道路空间, 记为 $\Omega(X; x_0, x_1) = \{\gamma \in \mathcal{C}([0, 1], X) \mid \gamma(0) = x_0, \gamma(1) = x_1\}$。类似地, 我们也有以 x_0 为基点的回路空间 $\Omega(X; x_0) = \{\gamma \in \mathcal{C}([0, 1], X) \mid \gamma(0) = \gamma(1) = x_0\}$。在需要考虑其拓扑时, 我们将赋予 $\Omega(X; x_0, x_1)$ 以及 $\Omega(X; x_0)$ 紧开拓扑。

注: 根据定义, 道路是一个连续映射, 而不仅仅是一条几何曲线（像空间的一个点集）。同一条几何曲线的不同参数化将被视为不同的道路。

对于任意 $x \in X$, 总有一条特殊的从 x 到 x 的回路, 即常值道路 γ_x, 其定义为 $\gamma_x : [0, 1] \to X$, $\gamma_x(t) \equiv x$。接下来我们给出对于道路的一些代数运算定义。

（2）道路的"积"与"逆"

设 X 是拓扑空间。

①对于任意从 x_0 到 x_1 的道路 γ，我们称由 $\bar{\gamma}(t) := \gamma(1-t)$ 所定义的（从 x_1 到 x_0 的）道路 $\bar{\gamma}$ 为道路 γ 的逆。

②设 γ_1 是从 x_0 到 x_1 的道路，γ_2 是从 x_1 到 x_2 的道路。我们称由

$$\gamma_1 * \gamma_2(t) = \begin{cases} \gamma_1(2t), & 0 \leqslant t \leqslant \dfrac{1}{2} \\ \gamma_2(2t-1), & \dfrac{1}{2} \leqslant t \leqslant 1 \end{cases}$$

所定义的从 x_0 到 x_2 的道路 $\gamma_1 * \gamma_2$ 为道路 γ_1 与 γ_2 的积。

道路的逆无非就是把道路反向后所得的新道路，而两条道路的积无非就是把这两条道路首尾接在一起所得到的新道路。不幸的是，这些操作不是非常代数的。例如，$\gamma * \bar{\gamma}$ 与 $\bar{\gamma} * \gamma$ 并不相同，因为前者是从 x_0 到 x_0 的道路，而后者是从 x_1 到 x_1 的道路。即使在 $x_0 = x_1$ 的情况下，它们仍然是不同的道路，因为它们是方向相反的两个回路。此外，我们希望常值道路 γ_x 表现得像一个单位元，但在上述定义下并非如此。我们将致力于解决这些问题，从而发展出一套正确的回路的代数理论。

2）道路连通空间

有了道路的概念，我们就可以定义一种新的连通性——道路连通性。

（1）道路连通性

若拓扑空间 X 中的任意两点都可用一条道路相连接，则我们称 X 是道路连通的。

连通性刻画的是空间不能被分成相互隔开的两部分，而道路连通性刻画的则是空间中任意两点可相连。容易证明道路连通性比连通性强。

（2）道路连通 $\Longrightarrow$ 连通

如果 X 是道路连通的，则 X 是连通的。

证明：采用反证法。假设存在非空的不相交开集 A 和 B，使得 $X = A \cup B$。取 $x \in A$，$y \in B$ 以及从 x 到 y 的路径 γ，则 $[0,1] = \gamma^{-1}(A) \cup \gamma^{-1}(B)$ 是非空的不相交开集的并集，这与 $[0,1]$ 的连通性矛盾。反过来，我们不难找到连通但不道路连通的例子。

例如，在前文中我们已经看到拓扑学家的正弦曲线 $X = \{(x, \sin\frac{\pi}{x}) \mid 0 < x \leqslant 1\} \cup \{(0,y) \mid -1 \leqslant y \leqslant 1\}$ 是连通的，现在我们说明它不是道路连通的。

证明：假设在 X 中存在道路 $\gamma : [0,1] \to X$，$\gamma(t) = (\gamma_1(t), \gamma_2(t))$ 使得 $\gamma(0) = (0,0)$ 和 $\gamma(1) = (1,0)$。令 $s = \sup\{t \mid \gamma_1(t) = 0\}$。则 $s < 1$，$\gamma_1(s) = 0$ 且 $\gamma_1(t) > 0$，$\forall t > s$。因此我们得到 $\gamma_2(t) = \sin\dfrac{\pi}{\gamma_1(t)}$，$\forall t > s$。由 s 的定义以及 γ_1 的连续性，存在递减数列 $t_n \to s$ 使得 $\gamma_1(t_n) = \frac{2}{2n+1}$。于是 $\gamma_2(t_n) = (-1)^n \not\to \gamma_2(s)$，矛盾。

当然，很多很好的连通空间都是道路连通的，例如，欧氏空间的凸子集都是道路连通的，因为根据定义，凸子集中的任意两点都可以由直线段连接。

（3）局部欧 + 连通开集 $\Longrightarrow$ 道路连通

设 X 是局部欧氏空间，$U \subset X$ 是连通开集，则 U 是道路连通的。

证明：我们采用连通性论证。取定点 $x \in U$，并考虑集合 $A = \{y \in U \mid$ 在 U 中存在从

x 到 y 的道路}。则

①A 是非空的。常值道路 γ_x 是从 x 到 x 的道路，故总有 $x \in A$。

②A 是开集。对任意 $y \in A$，取 y 的开邻域 V 使得 $V \subset U$ 且 V 同胚于欧氏空间的单位球 $B(0, 1)$。记同胚映射为 $\varphi : V \to B(0, 1)$。令 γ_1 是 U 中从 x 到 y 的一条道路。对任意 $y_1 \in V$，令 γ_2 为从 y 到 y_1 的线段道路，即 $\gamma_2(t) = \varphi^{-1}(t\varphi(y_1) + (1-t)\varphi(y))$。则 $\gamma_1 * \gamma_2$ 是从 x 到 y_1 的道路。所以 $y_1 \in A$。故 $V \subset A$，从而 A 是开集。

③A 是闭集。通过同样的论证，我们可以证明如果 $y \notin A$，那么对于 y 的同胚于欧氏开球的小邻域中的任意点 y_1，我们也有 $y_1 \notin A$。所以 A^c 是开集，即 A 是闭集。

于是由 U 的连通性可得 $A = U$。换言之，U 中的任意点都可以通过 U 中的道路与 x 相连。因此，U 中的任意两点 x_1, x_2 都可以通过 U 中的道路相连。设 γ_1 是 U 中从 x 到 x_1 的道路，γ_2 是 U 中从 x 到 x_2 的道路，则 $\overline{\gamma_1} * \gamma_2$ 是 U 中从 x_1 到 x_2 的道路。

作为推论，我们得到拓扑流形是道路连通的当且仅当它是连通的。

3）局部道路连通性

对于任意坏点，比如原点，在其任意小的邻域内，都可以找到无限多条不连通的纵向曲线（图3–1）。

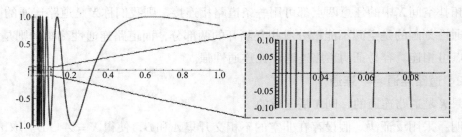

图3–1　正弦曲线中不连通的纵向曲线

换言之，空间在这些坏点的任意小的局部范围内都不是道路连通的。

（1）局部道路连通

设 X 是拓扑空间，$x \in X$。如果对于 x 的任意开邻域 U，存在 x 的开邻域 $V \subset U$ 使得 V 是道路连通的，则我们称拓扑空间 X 在 x 处局部道路连通。如果 X 在每个点处都道路连通，则我们称 X 是局部道路连通空间。

例如，$\mathbb{R}^n$ 中的任意开集（任意拓扑流形或任意局部欧氏空间中的任意开集）是局部道路连通的。

下面我们证明局部道路连通的连通拓扑空间都是道路连通的，其证明与上述连通局部欧氏区域的道路连通性证明相仿。

（2）连通 + 局部道路连通 $\Longrightarrow$ 道路连通

如果 X 是连通的且局部道路连通的，则 X 是道路连通的。

证明：固定点 $x \in X$。考虑集合 $A = \{y \in X \mid y$ 可以通过道路连接到 $x\}$。则 $A \neq \emptyset$。由局部道路连通性，

①A是开集。如果一个点落在A中，则该点的一个邻域也都落在A中。

②A是闭集。如果一个点落在A^c中，则该点的一个邻域也都落在A^c中。

故由X的连通性可知$A = X$。

注意，道路连通集合未必是局部道路连通的。我们只要在拓扑学家的正弦曲线上添加一条从$(0, 0)$到$(1, 0)$的曲线，即可得到一个道路连通但不局部道路连通的拓扑空间（图3-2）。

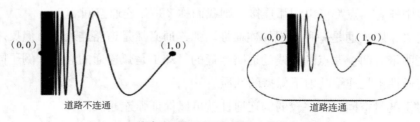

图3-2　道路连通但不局部道路连通的拓扑空间

4）道路连通性的性质

我们知道连通性被连续映射保持。类似地，我们有道路连通性被连续映射保持。

（1）道路连通性被连续映射保持

设$f : X \to Y$是连续映射且$A \subset X$是道路连通子集，则$f(A)$是道路连通的。

证明：对任意$f(x_1)$，$f(x_2) \in f(A)$，取从x_1到x_2的道路$\gamma : [0, 1] \to A$。则$f \circ \gamma : [0, 1] \to f(A)$是从$f(x_1)$到$f(x_2)$的道路。

类似地，我们也可以证明道路连通集的星形并以及乘积都是道路连通的，且证明比连通性时更简单。

（2）星形并的道路连通性

设X_α是道路连通的且$\bigcap_\alpha X_\alpha \neq \emptyset$，则$\bigcup_\alpha X_\alpha$是道路连通的。

证明：取$x_0 \in \bigcap_\alpha X_\alpha$。对于任意$x_1 \in X_{\alpha_1}$和$x_2 \in X_{\alpha_2}$，存在$X_{\alpha_1}$中从$x_1$到$x_0$的道路$\gamma_1$和$X_{\alpha_2}$中从$x_0$到$x_2$的道路$\gamma_2$。因此$\gamma_1 * \gamma_2$是$x_1$到$x_2$的道路。

（3）任意积的道路连通性

乘积空间$(\prod_\alpha X_\alpha, \mathscr{T}_{\text{product}})$是道路连通的当且仅当每个$X_\alpha$都是道路连通的。

证明：若乘积空间$(\prod_\alpha X_\alpha, \mathscr{T}_{\text{product}})$是道路连通的，则每个$X_\alpha$作为道路连通空间在连续映射$\pi_\alpha$下的像，是道路连通的。

反之设每个X_α是道路连通的。对任意$(x_\alpha), (y_\alpha) \in \prod_\alpha X_\alpha$，选取$x_\alpha$到$y_\alpha$的道路$\gamma_\alpha : [0, 1] \to X_\alpha$。则$\gamma : [0, 1] \to \prod_\alpha X_\alpha$，$\gamma(t) = (\gamma_\alpha(t))$是从$\gamma(0) = (x_\alpha)$到$\gamma(1) = (y_\alpha)$的道路。故$(\prod_\alpha X_\alpha, \mathscr{T}_{\text{product}})$是道路连通的。

当然，并不是所有连通性的性质都可以推广到道路连通性上。比如集合$\{(x, \sin \frac{\pi}{x}) \mid 0 < x \leqslant 1\}$，作为道路连通集合的像是道路连通的。于是，道路连通子集的闭包不一定是道路连通的。这是连通性与道路连通性的一个区别。

5）弧连通

根据定义，道路是指连续映射 $\gamma: [0,1] \to X$。我们并不要求 γ 是单射，因此道路是允许自相交的。当然，不自相交的道路在某些问题中更便于应用。

（1）弧与弧连通

设 X 是一个拓扑空间。

①若道路 $\gamma: [0,1] \to X$ 是一个拓扑嵌入，则我们称 γ 为一条弧。

②若 X 中任意两点都可以用弧连接，则我们称 X 是弧连通空间。

根据定义，弧连通是一种更强的连通性。弧连通必然是道路连通的，但反之未必。例如，不难证明带有两个原点的直线是道路连通的，却不是弧连通的。这个例子同时也告诉我们，弧连通性不是连续映射下保持的性质。

但是对于度量空间，一些较弱的连通性就可以保证弧连通性。

（2）Peano空间是弧连通的

任意紧连通且局部连通的度量空间是弧连通的。

（3）Hausdorff：弧连通 $\Longleftrightarrow$ 道路连通

Hausdorff空间是弧连通的当且仅当它是道路连通的。

证明：假设 Hausdorff 空间 X 是道路连通的。任取 $x, y \in X$ 以及连接 x, y 的道路 γ。显然 $\gamma(I)$ 是紧连通空间。此外，由闭映射引理，γ（作为从紧空间到 Hausdorff 空间的连续映射）是闭映射，从而 $\gamma(I)$ 是局部连通的。

由于 $\gamma(I)$ 是度量空间。于是 $\gamma(I)$ 是弧连通的，即存在落在 $\gamma(I)$ 里的弧连接 x 与 y。

于是对于道路连通的 Hausdorff 空间，我们总可以用没有自相交的弧连接任意两点。

3.2.2 分支

1）连通分支和道路连通分支

对任意拓扑空间 X，根据连通性和道路连通性，我们可以定义两个等价关系：

① $x \sim y \Longleftrightarrow \exists$ 连通子集 $A \subset X$ 使得 $x, y \in A$。

② $x \overset{p}{\sim} y \Longleftrightarrow \exists X$ 中的道路连接 x 和 y。

不难验证 $\sim$ 和 $\overset{p}{\sim}$ 都是等价关系。

（1）连通分支与道路连通分支

设 X 是拓扑空间。

①我们称等价关系 $\sim$ 的每个等价类为 X 的一个连通分支。

②我们称等价关系 $\overset{p}{\sim}$ 的每个等价类为 X 的一个道路连通分支。

根据定义，每个连通分支都可以看作 X 的一个（关于集合包含这个偏序关系的）极大连通子集，而每个道路连通分支都可以看作 X 的一个极大道路连通子集。显然，

①每个道路连通分支都完全包含在某个连通分支中。

②不同的连通分支是两两无交的，不同的道路连通分支也是两两无交的。我们列举一

些连通分支和道路连通分支的不太显然的结论。

    a. X 的任意连通分支都是闭子集，但不一定是开子集。

    b. 如果 X 是局部连通的，那么任意连通分支都是开集。

    c. 如果 X 是局部道路连通的，那么任意道路连通分支都恰好是连通分支（从而任意道路连通分支都是既开又闭的）。

2）连通分支的空间

    我们知道拓扑空间上的每个等价关系都定义了一个商映射，进而定义了一个商拓扑空间。因此由等价关系 $\sim$ 和 $\overset{p}{\sim}$，我们得到两个商空间：$\pi_c(X) := X/\sim$ 和 $\pi_0(X) := X/\overset{p}{\sim}$。

    我们先考虑 $\pi_c(X)$ 的拓扑。从直觉上不难猜测，$\pi_c(X)$ 应该是一个非常不连通的空间。我们可以用一个特例诠释何谓"非常不连通"。如果 X 是完全不连通空间，则每个连通分支仅包含一个元素，因此 $\pi_c(X)$ 就是 X 本身。因此，$\pi_c(X)$ 也是完全不连通空间。事实上，该结论确实对任意拓扑空间 X 都成立。

连通分支空间完全不连通

    商空间 $\pi_c(X)$（赋商拓扑）是完全不连通的。因此，$\pi_c(X)$ 是(T1)空间。

    证明：设 $p : X \to X/\sim$ 是典范投影映射。设 $S \subset X/\sim$ 是至少包含两个元素的子集。则 $p^{-1}(S)$ 是不连通的。所以存在（关于子空间拓扑）既开又闭的非空子集 $A \subsetneq p^{-1}(S)$。我们断言 A 一定是 X 的连通分支的并集。如果 X_1 是 X 的一个连通分支且 $A \cap X_1 \neq \emptyset$，则 $X_1 \subset p^{-1}(S)$ 且 X_1 也是 $p^{-1}(S)$ 的一个连通分支。因此，由 $X_1 = (X_1 \cap A) \cup (X_1 \cap (p^{-1}(S) \setminus A))$ 可得 $X_1 \subset A$。故 A 是 X 的连通分支的并集。

    因此，$A = p^{-1}(p(A))$。根据商拓扑的定义，$p(A)$ 是在 $X/\sim$ 中的既开又闭的非空子集。因为 $A \subsetneq p^{-1}(S)$，所以 $p(A) \neq S$。故 S 是不连通的，从而 $\pi_c(X)$ 是完全不连通的。

    最后我们说明 $\pi_c(X)$ 是(T1)空间。事实上，任意完全不连通的空间都是(T1)空间，因为完全不连通性，任意单点集 $\{x\}$ 都是一个连通分支，连通分支都是闭子集。

    接下来我们考虑 $\pi_0(X)$。我们当然可以将其视为商拓扑空间。然而，$\pi_0(X)$ 上的商拓扑可能很糟糕。比如，我们自然会猜测，既然任意道路连通分支都被捏成一个点了，那得到的商空间应该是完全不道路连通的了。遗憾的是，这是不对的。

    例如，考虑 X 为拓扑学家的正弦曲线，则商空间 $\pi_0(X)$ 由两个元素组成。让我们用"v"来表示 y 轴上的垂直线段部分，用"s"来表示正弦曲线段部分。则我们有 $\pi_0(X) = \{v, s\}$，$\mathscr{T}_{quotient} = \{\emptyset, \{s\}, \{v, s\}\}$。可以证明商空间 $\pi_0(X)$ 是道路连通的，但不是(T1)的。

    因为在一般情况下 $\pi_0(X)$ 上的商拓扑结构不够好，不能给我们提供足够有用的信息，所以我们宁愿忘记 $\pi_0(X)$ 上的商拓扑结构，而只是将 $\pi_0(X)$ 视作一个集合。该集合的势是空间 X 的一个很好用的拓扑不变量。然而，当 X 本身是拓扑群时，$\pi_0(X)$ 也是一个拓扑群。事实上，1980年Harris证明了任何拓扑空间均可实现为某个拓扑空间的 π_0。

3）鸟瞰：范畴间的函子

回想一下，在前文中我们提到了范畴的概念。一个范畴 C 包括：

①由对象构成的类 $\text{Ob}(C)$。

②由态射构成的类 $\text{Mor}(C)$，其中我们把从 X 到 Y 的态射全体记为 $\text{Mor}(X, Y)$。

下面我们引入函子的概念，用于在范畴之间建立联系。

函子

设 C, D 是范畴。从 C 到 D 的（协变）函子 F 是一个对应，使得

①将 $\text{Ob}(C)$ 中的每个对象 X 都对应到 $\text{Ob}(D)$ 中的某个对象 $F(X)$。

②将范畴 C 中的每个态射 $f \in \text{Mor}(X, Y)$ 都对应到范畴 D 中的某个态射 $F(f) \in \text{Mor}(F(X), F(Y))$，且该对应满足：

a.对范畴 C 中的任意对象 $X \in \text{Ob}(C)$，有 $F(\text{Id}_X) = \text{Id}_{F(X)}$。

b.对范畴 C 中的任意态射 $f \in \text{Mor}(X, Y)$ 和 $g \in \text{Mor}(Y, Z)$ 都有 $F(g \circ f) = F(g) \circ F(f)$。

我们给出一些函子的例子。

①设 $\mathcal{TOP}$ 是拓扑空间范畴，即：

a.对象是拓扑空间。

b.态射是拓扑空间之间的连续映射。

设 $\mathcal{SET}$ 是集合范畴，即：

a.对象是集合。

b.态射是关系。

则我们可以定义遗忘函子，将每个拓扑空间映射到其集合本身，将连续映射映到其图像。

②类似地，设 $\mathcal{ALG}$ 是（结合）代数范畴，即：

a.对象是（结合）代数。

b.态射是代数同态。

则我们可以定义 $\mathcal{TOP}$ 到 $\mathcal{ALG}$ 的反变函子 C，将每个拓扑空间 X 映射到 X 上的实值连续函数全体构成的代数 $C(X, \mathbb{R})$，将每个连续映射 $f : X \to Y$ 映到代数同态 $C(f) : C(Y, \mathbb{R}) \to C(X, \mathbb{R})$，$C(f)(\varphi) := \varphi \circ f$。

③考虑 $\mathcal{TOP}$ 的两个子范畴，由局部紧 Hausdorff 空间组成的范畴 $\mathcal{LCH}$（或者由 Hausdorff 且完全正则空间组成的范畴 $\mathcal{HCR}$）和由紧 Hausdorff 空间组成的范畴 $\mathcal{CH}$。则 Stone-Cĕck 紧化的过程 β 是一个函子。

4）函子 π_c 和 π_0

下面设 X, Y 是拓扑空间，$f \in C(X, Y)$。f 将 X 的连通分支映射到 Y 的连通分支中。这样我们就得到了一个映射 $\pi_c(f) : \pi_c(X) \to \pi_c(Y)$，$[x] \mapsto [f(x)]$。事实上 π_c 有如下很好的性质。

（1）π_c 的函子性

映射 $\pi_c(f) \in \mathcal{C}(\pi_c(X), \pi_c(Y))$，且满足 $\pi_c(\mathrm{Id}_X) = \mathrm{Id}_{\pi_c(X)}$，$\pi_c(g \circ f) = \pi_c(g) \circ \pi_c(f)$。

换言之，π_c 是从拓扑空间范畴 $\mathcal{TOP}$ 到完全不连通拓扑空间范畴 $\mathcal{TOP}_{\text{totdis}}$ 的函子：$\pi_c : \mathcal{TOP} \to \mathcal{TOP}_{\text{totdis}}$。

① $(X, \mathscr{T}) \rightsquigarrow \pi_c(X) = (X/\sim, \mathscr{T}_{\text{quotient}})$。

② $f \in \mathcal{C}(X, Y) \rightsquigarrow \pi_c(f) \in \mathcal{C}(\pi_c(X), \pi_c(Y))$。

类似地，因为任意连续映射 $f : X \to Y$ 也将 X 中的道路连通分支映射到 Y 中的道路连通分支中去，我们自然得到一个良好定义的（集合之间的）映射 $\pi_0(f) : \pi_0(X) \to \pi_0(Y)$，$[x] \mapsto [f(x)]$。

（2）π_0 的函子性

映射 $\pi_0(f)$ 满足 $\pi_0(\mathrm{Id}_X) = \mathrm{Id}_{\pi_0(X)}$ 和 $\pi_0(g \circ f) = \pi_0(g) \circ \pi_0(f)$。

换言之，π_0 是从拓扑空间范畴 $\mathcal{TOP}$ 到集合范畴 $\mathcal{SET}$ 的函子：$\pi_0 : \mathcal{TOP} \to \mathcal{SET}$。

① $(X, \mathscr{T}) \rightsquigarrow \pi_0(X) = X/\overset{p}{\sim}$。

② $f \in \mathcal{C}(X, Y) \rightsquigarrow \pi_0(f) \in \mathcal{M}(\pi_0(X), \pi_0(Y))$。

当然，在应用函子 π_c 或 π_0 时，我们丢失了原空间的很多信息。但这正是代数拓扑背后的哲学。区分拓扑空间可能非常困难，但通常区分更简单的范畴（$\mathcal{SET}$、$\mathcal{GROUP}$ 或 $\mathcal{VECTORSPACE}$）中的对象更容易。例如，通过计算 $\pi_c(X)$ 或 $\pi_0(X)$ 的基数，我们能够区分许多拓扑空间。

参考文献

[1] James R. Munkres. Topology(2nd edition)[M]. Upper Saddle River:Prentice—Hall Inc, 2000.

[2] 熊金城. 点集拓扑学讲义(第五版)[M]. 北京：高等教育出版社, 2020.

[3] 尤承业. 基础拓扑学讲义[M]. 北京：北京大学出版社, 2004.

[4] John L. Kelley. General Topology[M]. Berlin:Springer-Verlag, 1975.

[5] 江辉有. 拓扑学基础[M]. 北京：科学出版社, 2020.

[6] 张德学. 一般拓扑学基础[M]. 北京：科学出版社, 2019.